让代码飞

用AI快速生成和优化Python代码

心易◎编著

清華大學出版社
北京

内 容 简 介

本书以Python语言为基础，深入探讨如何利用AI技术进行Python代码的生成和优化，并通过100个典型示例和8个实战案例展示AI在Python编程中的具体应用。本书不仅系统地介绍AI编程的核心概念与工具，还提供从初学者到全栈工程师的完整学习路径，从而帮助读者快速掌握AI编程的精髓。通过阅读本书，读者不仅能够理解AI在编程中的重要作用，而且能提升实际项目开发的效率和质量。

本书共7章。第1章介绍AI时代的编程革新；第2章介绍如何利用AI学习编程；第3章介绍AI编程中的Prompt设计；第4章介绍用AI构建自己的第一个Python项目；第5章介绍PlugLink项目开发与应用；第6章介绍AI模型性能测试；第7章介绍AI编程展望。

本书内容丰富，讲解通俗易懂，案例典型、实用，适合对AI编程感兴趣的初学者和想提高Python开发效率的进阶读者阅读，也适合Python开发从业者、AI技术爱好者、大中专院校的学生和相关培训机构的学员阅读。

图书在版编目（CIP）数据

让代码飞：用AI快速生成和优化Python代码 / 心易编著. 北京：清华大学出版社, 2025. 4. -- ISBN 978-7-302-68741-2

Ⅰ. TP312.8

中国国家版本馆CIP数据核字第20255XG434号

责任编辑： 王中英
封面设计： 欧振旭
责任校对： 徐俊伟
责任印制： 宋 林

出版发行： 清华大学出版社
网 址： https://www.tup.com.cn，https://www.wqxuetang.com
地 址： 北京清华大学学研大厦A座　**邮 编：** 100084
社 总 机： 010-83470000　**邮 购：** 010-62786544
投稿与读者服务： 010-62776969，c-service@tup.tsinghua.edu.cn
质量反馈： 010-62772015，zhiliang@tup.tsinghua.edu.cn
印 装 者： 天津安泰印刷有限公司
经 销： 全国新华书店
开 本： 170mm×240mm　**印 张：** 18　**字 数：** 301千字
版 次： 2025年5月第1版　**印 次：** 2025年5月第1次印刷
定 价： 79.80元

产品编号：110625-01

前言

人工智能（AI）的快速发展使得编程方式发生了革命性的改变。在传统编程模式下，编写和调试程序代码往往是一个烦琐且耗时的过程，而 AI 技术的快速发展正在改变这一现状。AI 不仅可以自动生成程序代码，而且能够优化现有代码并及时检测和修复错误，这让开发者可以把更多的时间放在更有创意和更高层次的架构设计上。如今，如何将 AI 融入编程已经成为开发者必须掌握的技能。就拿 Python 这门编程语言而言，它以简洁明了的语法和强大的库支持已经成为 AI 开发的首选语言。掌握 AI 编程，不仅可以提高开发效率，而且更重要的是可以改变开发者的思维模式和工作方式，让其在未来的技术变革中保持竞争力并占据有利位置。

自从 ChatGPT 横空出世以来，笔者便深刻地感受到了 AI 技术在程序开发中的巨大潜力。虽然 AI 编程现在还处在萌芽期，但是简化编程难度甚至走向无代码将会是未来程序开发的一个大趋势。AI 的引入使得程序代码的编写、调试和优化效率大大提升，各种开发工具将会迅速迭代，这对整个软件开发行业将是一次重大的洗牌。笔者在应用 AI 技术进行开发时发现，Python 语言的生态系统完备，能够轻松整合各种 AI 框架，这将是程序员告别“搬砖式”开发的重要里程碑，相信以后新手小白也能快速成长为软件开发全栈工程师。

为了帮助开发人员了解和学习用 AI 快速生成和优化 Python 代码的相关知识，笔者结合自己多年的开发经验和对 AI 编程的探索编写了本书。本书系统地介绍 AI 编程的核心概念与工具，并给出大量的典型示例和多个实战案例，帮助读者掌握 AI 在 Python 编程中的具体应用。

本书特色

- **内容丰富**：详解 AI 编程的各个关键环节，涵盖 AI 编程从基础知识到开发工具再到高级应用的完整体系，帮助读者从理论到实践全方位掌握 AI 编程。

- **前瞻性强**：聚焦AI时代的编程变革，深入剖析GPT、RAG 等大模型在代码生成、优化与错误检测中的应用，全方位呈现AI编程的前沿动态，帮助读者洞察技术发展的趋势。
- **工具丰富**：引入多个AI编程工具，并详细介绍其基本原理与使用方法，帮助读者更好地选择和应用合适的开发工具，从而提高开发效率。
- **示例丰富**：讲解中穿插 100 个典型示例，手把手带领读者动手实践，体验实际的AI编程，从而更好地掌握AI编程的核心知识。
- **案例典型**：通过8个典型实战案例，全方位展示AI编程从需求分析到代码生成再到性能测试与软件部署的完整流程，以及AI解决实际编程问题的强大能力。
- **实用性强**：全流程详解 PlugLink 自动化工作流开源项目开发，展示如何将AI技术应用于实际项目开发中，从而快速提升读者的开发能力。
- **思维培养**：培养读者的 AI 编程思维，引导他们从编码细节转向架构设计，以建立框架思维和模块化设计等理念，从而做到从全局视角设计和优化系统。

本书内容

第1章主要探讨AI技术如何推动编程方式的革新，重点介绍AI在代码生成、优化和错误检测等方面的应用，并分析 AI 对开发者的工作流程和思维模式的影响，从而让编程变得更加高效和智能。

第 2 章主要介绍如何利用 AI 学习编程，涵盖设置学习目标与计划、交互式学习体验以及 AI 全栈工程师之路等内容，并分析两个成功案例，帮助读者快速理解相关知识。

第 3 章深入探讨 Prompt 在 AI 编程中的重要性，并分析如何通过精准设计Prompt来提高AI生成程序代码的准确性与实用性，还详细介绍不同场景下Prompt的设计原则与优化策略。

第 4 章首先介绍项目开发的基本流程和 AI 编程技巧，然后通过一个具体的AI编程实战案例，帮助读者从项目开发中学会如何思考和设计项目架构。该案例涵盖需求分析、系统设计、代码编写和代码调试等关键环节，可以让读者建立项目开发的整体思维。

第5章详细介绍笔者研发的PlugLink自动化工作流开源项目的实际开发，全面展示需求分析、技术选型、项目规划，以及用 AI 生成、调试和优化代码等完整的项目开发过程，并在此基础上介绍基于 PlugLink 项目的插件开发，为读者提供实用的开发经验。

第 6 章详细介绍 AI 模型性能测试的流程与方法，重点介绍如何通过实验数据验证 AI 模型的准确性、可靠性及是否高效，以确保 AI 应用能够在不同场景下稳定运行。

第 7 章主要介绍 AI 在编程领域的发展趋势，预测 AI 工具将如何进一步改变编程工作模式和开发流程，并探讨 AI 对编程行业的深远影响以及未来的挑战与机遇。

读者对象

- 对 AI 编程技术感兴趣的初学者。
- 想提升 Python 编程效率的进阶人员。
- 想通过 AI 技术优化工作流程的开发人员。
- 使用 Python 与 AI 技术的相关科研人员。
- 想掌握 AI 前沿技术的开发者与技术爱好者。
- 大中专院校想学习 AI 编程技术的学生。
- 相关培训机构的学员。

配套资源获取

本书涉及的程序源代码等配套资源有两种获取方式：一是关注微信公众号“方大卓越”，回复数字“43”自动获取下载链接；二是在清华大学出版社网站（www.tup.com.cn）上搜索本书，然后在本书页面中找到“资源下载”栏目，单击“网络资源”按钮进行下载。

售后支持

由于笔者水平所限，书中难免存在疏漏与不足之处，恳请广大读者批评与指正。读者在阅读本书时若有疑问，可以发送电子邮件获取帮助，邮箱地址为 bookservice2008@163.com。

心易

2025 年 3 月

目录

第 1 章　AI 时代的编程革新

在过去的几十年中，编程技术经历了从简单的机器语言到复杂的高级语言的发展。编程已经不仅仅是计算机科学家的专利，而是进入越来越多的普通人的生活。无论是软件开发、数据分析，还是科学研究、艺术创作，编程都扮演着重要的角色。进入 21 世纪后，随着人工智能（AI）技术的快速发展，编程迎来了全新的时代。

AI 技术的引入，为编程世界带来了革命性的变化。在传统编程方式中，开发者需要花费大量时间编写和调试代码，处理各种复杂的问题。而在 AI 的帮助下，编程变得更加智能化和高效。AI 不仅能自动生成代码，还能优化现有代码，进行错误检测和修复，使得编程过程大大简化，开发者可以将更多精力投入到创意和设计中。

本章将带领读者深入了解 AI 是如何融入编程的，从根本上改变开发流程和思维模式，并重点介绍 AI 在编程中的应用，展示如何通过 AI 生成代码并进行代码优化和错误检测，提升编程效率和代码质量。

AI 不仅改变了编程方式，还重新定义了编程学习和教育方式。传统的编程教育依赖于课堂教学和教材，而 AI 则为个性化学习提供了可能。基于 AI 的学习平台可以根据学习者的进度和表现动态调整教学内容，提供即时反馈，帮助学习者更快地掌握编程技能。

下面我们简单介绍一下 AI 知识，先对其有一个基本认识，后面的学习更容易理解。

1.1　什么是 GPT

GPT（Generative Pre-trained Transformer，生成预训练模型）是一种属于深度学习范畴的大型生成模型。它由以下三部分组成：

- G：即 Generative（生成式）。GPT 通过深度学习算法对已有数据进行学习，根据输入的指令生成新的内容，具备一定的原创能力。同一个问题每次提问时可能会获得不同的答案。在生成答案时，GPT 采用自回归语言模型，基于上下文预测单词的概率分布生成下一个单词，并将其添加到已有答案中，这个过程表现为逐字生成的打字机效果。
- P：即 Pre-trained（预训练）。GPT 利用海量语料数据进行预训练，通过深度学习掌握自然语言的语法、语义和相关知识，从而构建一个包含大量参数的知识数据库。预训练阶段是关键，其使模型具备了理解和生成自然语言的能力。
- T：即 Transformer（转换模型）。GPT 的核心是基于 Transformer 架构的机器学习系统，由 Google 设计的这个大语言模型通过神经网络模拟人脑的学习方式，实现对复杂数据的高效分析和学习，从而准确地理解语义并生成新的内容。Transformer 的多头自注意力机制和并行处理能力，使得 GPT 在自然语言处理任务中表现出色。

通过以上三部分的结合，GPT 展现出了强大的生成能力和理解能力，使其在文本生成、翻译、问答等领域都有广泛的应用。

1.2　什么是 RAG

RAG（Retrieval-Augmented Generation，检索增强生成）是一种结合信息检索和生成式 AI 技术的自然语言处理方法。它的主要目标是利用外部知识库提高生成文本的准确性和丰富性。这种方法不仅依赖于大型语言模型（Large Language Model，LLM）的生成能力，还能够从知识库或搜索引擎中检索相关信息，从而生成更为精确和上下文相关的回答。

1. RAG的工作流程

RAG 的工作一般分为两个阶段：检索阶段和生成阶段。

- 检索阶段：在接收到用户的查询后，RAG 首先从外部数据库、文档集合或者知识库中检索出相关的信息。这一步通常使用传统的搜索技术或特定的向量数据库进行相似性匹配。检索出的信息作为上下文数据，用于增强生成模型的输入。这些信息可以是文本段落、数据表或其他类型的相关数据。

- 生成阶段：在获取了检索信息后，RAG 会将这些信息与用户的初始查询相结合并输入生成式语言模型（如 GPT-4）中。生成式语言模型会根据检索出的上下文数据生成回答，确保生成的内容不仅基于模型的内部知识，而且参考了最新的检索结果。

2．RAG的优势

- 知识更新：传统的语言模型通常无法及时更新其内部知识，而 RAG 通过检索最新信息可以弥补这个不足。
- 增强的准确性：通过引入外部信息（特别是领域知识或时间敏感的信息），RAG 能生成更具准确性和可靠性的回答。
- 多样化的应用：RAG 可以应用于多个领域，如客户服务、医疗健康、教育等，其中，准确的信息检索和生成尤为关键。

3．RAG的应用实例

RAG 一个常见的应用场景是问答系统。假设用户询问一个近期事件的详细信息，传统的生成模型可能由于知识库的滞后性而无法提供准确的答案，而 RAG 可以通过检索新闻数据库来获取最新信息，再结合生成模型，为用户提供准确且详细的答案。

RAG 作为一种新兴的自然语言处理技术，能够有效结合检索和生成的优势，为用户提供更具实用性和准确性的文本生成服务。这种方法在不断发展的 AI 技术中扮演着重要角色，为未来的智能系统提供了新的发展方向。

未来，随着 AI 技术的不断发展，编程方式将进一步演变。开发者将更多地依赖 AI 工具，从而提升生产力和创造力。同时，AI 也将推动编程教育的革新，培养出更多适应新时代需求的技术人才。在后面的内容中将通过实例来展示 AI 在编程中的具体应用场景，帮助读者全面理解和掌握这种新兴技术。

1.3 编程的演变与 AI 的融入

编程技术自诞生以来经历了多个重要的发展阶段。从早期的机器语言到现代高级编程语言，编程方式不断演变。早期的编程需要直接操作机器指令，这种方式既烦琐又容易出错。随着计算机技术的发展，汇编语言应运而生，它用助记符取代了复杂的机器指令，使编程变得简单一些。然而，汇编语言仍然要求编程者了解底层硬件结构，对开发者的要求很高。

为了解决这些问题，高级编程语言如 Fortran、C 语言等相继出现。这些语言更接近人类的自然语言，使编程变得更加直观和容易理解。进入 21 世纪后，Python、JavaScript 等更为简洁和功能强大的高级语言开始流行，极大地提高了开发人员的开发效率和代码的可读性。同时，各种集成开发环境（Integrated Development Environment，IDE）和版本控制系统的出现，进一步提升了开发人员的开发效率和代码管理能力。

AI 技术的融入使得编程过程更加智能和高效。在传统的编程模式下，开发者需要花费大量时间编写和调试代码，而在 AI 的帮助下，这一过程变得更加自动化和高效。AI 可以根据开发者提供的需求描述，自动生成符合要求的代码片段，显著减少了手动编写代码的工作量而且还能优化代码，在错误检测和修复方面也发挥着重要作用。修复错误的过程相当于一次学习机会和实时反馈。

随着 AI 技术的不断进步，编程方式和编程思维将进一步发展，开发者将会更多地依赖 AI 工具来提升生产力和创造力。同时，AI 技术也将推动编程教育的革新，培养出更多适应新时代需求的技术人才。未来，AI 将继续引领编程变革，开发者需要不断学习和适应新技术，迎接新的挑战和机遇。

1.4 为何思维方式比技术更重要

早期，开发者必须深入了解编程语言的语法规则，掌握各种函数的使用，才能手工编写每一行代码。这种编程方式要求开发者不仅要有扎实的技术基础，还需要具备极强的逻辑思维能力。开发者需要仔细思考每个步骤，以确保代码逻辑的正确性。然而，当遇到超出自己知识范围的问题时，开发者往往感到无从下手，以至于影响项目的进度。

如今，编程方式和要求发生了根本性的变化。AI 技术能够根据开发者的需求自动生成代码，并优化代码性能，甚至能为复杂的问题提供解决方案。开发者只需要提出想要实现的功能，AI 就能提供详细的实现步骤和方法，这大大简化了编程步骤。这项变革让开发者不需要亲自编写每行代码，而是将更多的精力放在更高层次的设计和架构上。

在 AI 时代，思维方式比具体的编程技术更重要。AI 能够处理大量的基础编码工作，让开发者的角色从传统的代码编写者转变为系统架构师和需求分析师。开发者需要具备宏观的思维方式，从整体上把握项目的架构和设计，而不是只关注具体的代码实现细节。

这种转变带来了巨大的优势，开发者可以将更多的时间和精力投入需求分析和系统设计中。理解用户需求并设计出合理的系统架构成为开发者的主要任务，AI 技术则负责具体的代码生成和优化工作，从而确保代码的高效和可靠。通过这种分工，编程效率大大提高，项目的开发周期也明显缩短。

以往，编程者被烦琐的编码工作所束缚，难以有足够的时间和精力去探索新的创意。如今，AI 承担了大量的基础工作，开发者可以将更多的注意力集中在创新设计和功能实现上。

在 AI 时代，开发者的思维方式需要从具体的编码细节转向整体的架构设计。这种思维方式的转变不仅适应技术发展的趋势，还提高了开发的效率和质量。理解和掌握这种新的思维方式，会让开发者在 AI 时代占据更重要的地位。

1.5　传统开发方式与 AI 开发方式

在软件开发的历史长河中，传统开发方式与 AI 开发方式各有特点和优势。AI 技术快速发展，开发方式正在发生根本性的变化。通过对比传统开发方式与 AI 开发方式，可以更清晰地了解这种变革的深远影响。

1.5.1 传统开发方式与 AI 开发方式对比

为了更好地理解传统开发方式与 AI 开发方式的区别，可以通过具体的例子进行详细分析。下面以开发一个用户管理系统为例，比较两种开发方式在不同阶段的差异。

1．需求分析

- 传统开发：在传统开发方式中，需求分析通常由业务分析师和开发人员组成的开发团队共同完成。开发团队需要经过多次会议，详细讨论系统的功能需求、用户角色、权限设置等方面的内容。需求分析文档需要明确每个功能模块的细节，确保开发人员在编码时有清晰的指导。
- AI 开发：在 AI 开发方式中，需求分析依然重要，但 AI 工具可以辅助这个过程。例如，使用自然语言处理技术，AI 能够根据开发者描述的需求自动生成需求分析文档。这不仅提高了需求分析的效率，还减少了人为错误。

2．系统设计

- 传统开发：传统开发的系统设计阶段需要资深架构师进行系统架构设计，包括数据库设计、接口设计和模块划分等。架构师需要考虑系统的可扩展性、性能和安全性等多个方面。系统设计文档通常非常详细，以指导后续的开发工作。
- AI 开发：在 AI 开发方式中，AI 工具可以辅助系统设计。例如，AI 可以根据需求自动生成数据库模型和接口设计。开发者可以利用 AI 工具快速创建系统架构并进行模拟和测试，从而优化设计方案。这种方式大大缩短了系统设计的时间，提高了设计的质量。

3．代码编写

- 传统开发：在传统开发中，代码编写是最耗时的阶段。开发者需要根据需求分析和系统设计文档，手工编写每个功能模块的代码。这个过程需要大量的编码工作，同时需要不断进行单元测试和调试，确保代码的正确性和性能。

- AI 开发：AI 开发在代码编写阶段展现出了显著优势。通过描述需要实现的功能，AI 能够自动生成相应的代码。例如，开发者只需要输入“创建一个用户注册功能”，AI 便能生成包含用户输入验证、数据存储、错误处理等功能的完整代码。这样，开发者可以节省大量的编码时间，将更多精力放在功能设计和优化上。

4. 测试与调试

- 传统开发：测试与调试是传统开发中的一个关键环节。开发者需要编写单元测试代码，并通过手动测试和自动化测试工具来检测代码中的错误。发现错误后，需要进行逐步调试和修正，确保代码的可靠性和稳定性。
- AI 开发：AI 开发在测试与调试方面也有显著优势。AI 工具可以自动生成测试用例并进行自动化测试。对于发现的错误，AI 能够提供详细的错误分析和修复建议，甚至直接修正代码中的问题。这种方式不仅提高了测试的覆盖率和效率，还大大缩短了调试的时间。

5. 用户管理系统

1）传统开发的用户管理系统

- 需求分析：开发团队通过多次会议讨论，编写详细的需求文档。
- 系统设计：架构师设计数据库结构、用户接口和各个功能模块。
- 代码编写：开发者逐行编写用户注册、登录和信息更新等功能的代码，并进行单元测试和调试。
- 测试与调试：编写测试用例，进行手动和自动化测试，发现并修正错误。

2）AI 开发的用户管理系统

- 需求分析：开发者输入需求描述，AI 生成需求分析文档。
- 系统设计：AI 工具自动生成数据库模型和接口设计，开发者进行优化。
- 代码编写：开发者描述要实现的功能，AI 生成完整的代码，包括用户注册、登录和信息更新等功能。
- 测试与调试：AI 自动生成测试用例，然后进行自动化测试并提供错误修复建议。

1.5.2 时间与资源消耗对比

时间与资源的消耗是衡量开发效率的重要指标。通过对比可以发现，AI 开发对每个阶段的工作效率和开发质量都有所提升，减少了开发时间与资源消耗。在传统开发中，项目的时间与资源消耗主要集中在代码编写、测试和调试上。开发者需要花费大量时间来理解项目需求、设计系统和编写代码，并通过反复测试来修正错误。尤其是对于大型项目，开发周期往往较长，资源消耗也非常巨大。

在 AI 开发方式中，时间与资源的消耗大大减少。AI 工具可以自动生成代码，进行优化和测试，显著缩短了开发周期。开发者可以将更多的时间和资源投入到需求分析和系统设计上，从而提高项目的整体效率和质量。

1.5.3 AI 时代开发人员的新技能要求

在传统开发方式中，编程技能是开发人员的核心竞争力，要求开发人员具备扎实的编程基础和丰富的项目经验。在 AI 时代，编程技能要求相对降低，但开发人员需要具备以下新技能。

- 熟练使用 AI 工具：熟练使用各种 AI 开发工具，如代码生成器、自动化测试工具等。
- 数据分析能力：能够利用 AI 进行数据分析，从中提取有价值的信息，以指导系统设计和优化工作。
- 系统设计能力：具备宏观思维，能够从整体上设计系统架构，确保系统的灵活性和可扩展性。
- 跨领域知识：了解 AI 技术在不同领域的应用，如自然语言处理和机器学习等，以便更好地应用这些技术。

1.5.4 从传统项目到 AI 项目的转变

从传统开发模式向 AI 开发模式转变，不仅涉及技术和工具的更新，更需要开发思维和流程的全面革新。下面详细探讨这个转变过程，并通过具体案例说明如何有效地实现这个转变。

1. 识别适用场景和选取AI工具

- 识别适用场景：开发团队需要识别哪些项目或工作可以引入 AI 技术。例如，在一个大型电子商务平台项目中，用户推荐系统、客服聊天机器人等功能非常适合使用 AI 技术。
- 选取合适的 AI 工具：选择适合项目需求的 AI 工具是转变的关键。常见的 AI 工具包括自然语言处理（NLP）工具、机器学习平台、自动代码生成工具等。

2. 引入AI工具进行试点

在大型项目中选择一个小型或独立的模块进行 AI 技术试点。例如，电子商务平台中，客服聊天机器人功能可以作为试点。开发团队可以通过 AI 工具生成聊天机器人相关的对话逻辑代码，并使用机器学习算法训练聊天模型。例如现在要做一个电子商务平台的客服聊天机器人，步骤如下：

（1）需求分析：开发团队识别出客服聊天机器人是一个适合 AI 技术的模块，确定需求，如处理常见的客户问题、引导用户完成购买等。

（2）工具选择：选择 Dialogflow 工具进行自然语言处理，结合 GPT 模型生成对话逻辑代码。

（3）系统设计：设计聊天机器人的系统架构，包括用户接口、对话管理、数据库连接等。

（4）生成代码：通过 AI 工具生成基础对话代码并进行人工调整和优化。

（5）测试与优化：使用自动化测试工具进行对话测试，优化响应时间和准确性。

3. 调整开发流程和团队角色

- 调整开发流程：在试点成功的基础上，开发团队需要调整整体开发流程，将 AI 工具融入需求分析、系统设计、代码编写、测试和部署的各个环节。例如，在需求分析阶段可以使用 AI 协助提取并分析用户需求。
- 重构团队角色：引入 AI 技术后，团队角色和职责也需要相应调整。传统的开发人员角色可能转变为 AI 工具操作员、数据分析师、系统架构师等。

4．全面推广和持续优化

- 全面推广：在经过试点和流程调整后，开发团队可以将 AI 技术全面推广到所有项目中。例如，电子商务平台可以将 AI 技术应用到用户推荐系统、动态定价系统、库存管理系统等多个模块。
- 持续优化：AI 工具迭代速度很快，开发团队应定期评估 AI 工具的效果并进行更新优化。

从传统项目到 AI 项目的转变是一个渐进且系统的过程，通过识别适用场景、引入 AI 工具进行试点、调整开发流程和团队角色、全面推广和持续优化，开发团队可以有效地实现这一转变，并且不断学习和适应新的 AI 技术，在快速变化的技术环境中保持竞争力。

1.6 AI 时代的开发思维和工具

在 AI 时代，编程不仅仅是编写代码，而是思考如何高效地利用 AI 工具和框架来实现目标。这种转变不仅改变了开发者的工作方式，也重新定义了编程的思维模式。

1.6.1 AI 编程的基本思维方式

传统编程强调对编程语言的掌握，而 AI 编程则更强调对 AI 工具和技术的理解与应用。以下是几种 AI 编程的基本思维方式。

- 需求驱动：与手工编写代码相比，AI 编程开发者更多地是通过描述需求让 AI 生成代码。这要求开发者具备明确的需求表达能力，能够清晰地描述要实现的功能。
- 数据导向：AI 编程依赖于大量的数据，开发者需要善于收集、清洗和处理数据，以便训练 AI 模型。这种数据导向思维要求开发者具备一定的数据分析能力。
- 反馈迭代：AI 模型需要不断训练和优化，开发者需要通过持续的反馈和迭代来提高模型的准确性和效率。这种思维方式强调快速试验和持续改进。

1.6.2　什么是框架思维

框架思维是一种系统化的开发思维方式，强调从整体上统筹和设计系统，同时充分利用已有的框架和工具，实现高效、模块化和可扩展的解决方案。框架思维不仅仅指使用现有的框架进行程序设计，更是一种全局视野和统筹能力的体现，注重规划和架构的合理性，确保系统的灵活性和可维护性。

1．统筹能力

框架思维的一个重要方面是统筹能力。开发者需要从全局出发，统筹系统的各个部分，确保各模块之间的协调与统一。这种思维方式要求开发者具备宏观视野，能够从整体上把握系统的结构和功能。

例如在开发一个大型企业管理系统时，需要统筹考虑用户管理、权限控制、数据存储、业务逻辑等各个方面，确保每个模块都能无缝集成。开发者需要设计出合理的系统架构，使得各个模块既可以独立开发，又能相互协作。

2．思维方式

框架思维包括一种特定的思维方式，强调模块化设计、组件重用和配置驱动。这种思维方式使开发者在设计和实现系统时更加注重结构的合理性与功能的可扩展性。

- 模块化设计：将系统拆分为多个独立的模块，每个模块完成特定的功能。这种方式不仅便于开发和维护，还可以提高系统的灵活性。
- 组件重用：尽可能重用已有的组件和工具，避免重复劳动。这不仅提高了开发效率，还减少了代码中的错误。
- 配置驱动：通过配置文件和参数化设计，简化系统的定制和扩展，使得系统在不修改代码的情况下，也能轻松适应不同的需求。

3．统筹能力与思维方式相结合

框架思维的核心在于将统筹能力与模块化思维方式结合起来，形成一个高效的开发流程。这种结合使得开发者能够在复杂的系统开发中保持清晰的思路，从而提高开发效率和系统质量。

案例：构建一个电子商务平台

以下是一个利用框架思维构建电子商务平台的案例。

1）统筹规划

- 需求分析：确定系统需要实现的核心功能，如用户注册与登录、商品管理、订单处理、支付系统等。
- 系统架构设计：设计系统的总体架构，包括前端、后端、数据库和第三方服务的集成。确保各模块的接口和数据流一致。

2）模块化设计

- 用户管理模块：处理用户的注册、登录、权限控制等功能。
- 商品管理模块：管理商品的添加、删除、修改、分类等功能。
- 订单处理模块：处理用户的订单生成、支付、发货等功能。

3）组件重用

- 前端框架：使用 React 或 Vue.js 构建响应式用户界面。
- 后端框架：使用 Django 或 Spring Boot 处理服务器端逻辑。
- 支付集成：利用 Stripe 或 PayPal 的 API 进行支付集成。

4）配置驱动

- 配置管理：通过配置文件管理系统不同环境（如开发、测试、生产）下的数据库连接、API 密钥等信息。
- 参数化设置：使用配置文件调整系统的参数，如分页大小、缓存策略等，无须修改代码。

框架思维不仅是使用现有框架进行程序设计，更是一种宏观的统筹能力和系统化的思维方式。它强调在开发过程中，从整体上把握系统的结构和功能，利用模块化设计、组件重用和配置驱动，实现高效、灵活和可扩展的开发解决方案。这种思维方式使开发者能够用更低的时间成本和更高的效率去应对各种需求变化。

1.6.3　框架思维与 AI 开发的关系

在 AI 时代，开发的重心已经从手动编写函数和代码等基础工作，转向更高层次的系统设计和架构规划。这一变化使得框架思维在 AI 开发中显得尤为重要，框架思维能帮助开发者更好地利用 AI 技术高效地进行软件开发和设计。

AI 可以当成开发者的一名员工，开发者的任务不再是亲自编写每一行代码，而是发号施令，指导 AI 完成具体的工作。在传统的编程模式中，开发者需要花费大量时间编写和调试代码，关注每个函数的实现细节，现在，许多基础的编程工作都可以由 AI 自动完成。开发者可以将精力放在系统的整体设计和架构规划上，基础劳动力被解放的同时就需要一种全新的思维方式，即框架思维。

框架思维强调模块化设计、组件重用和配置驱动，使开发者可以从宏观上把握系统的整体结构，而不是拘泥于具体的代码实现。这种思维方式不仅提高了开发效率，还使系统更加灵活和易于维护。可以将 AI 时代的编程变革类比工业革命时期的生产方式变革。在工业革命之前，制造业依靠手工劳动，每件产品都需要工匠“从头到尾”亲自制作，效率低下且质量难以保证。而工业革命引入了流水线生产模式，通过模块化的分工和标准化的组件，大大提高了生产效率和产品质量。

同样，在 AI 时代，编程从手工编码模式转向利用 AI 工具进行自动化开发模式。开发者不需要亲自编写每行代码，而是通过设计模块化的系统架构，利用 AI 生成和优化代码。这种转变使得开发过程更高效、更可靠，同时也促使开发者在更高层次上思考和设计系统。这种转变使开发者从基础的编码工作中解放出来，专注于更高层次的系统设计和优化。通过模块化设计和配置驱动，开发者可以更加高效地构建和部署 AI 系统，充分利用 AI 技术的优势，实现智能化和自动化的开发流程。在 AI 时代，掌握和应用框架思维，是开发者保持竞争力的关键。

1.6.4　如何构建一个简单的 Web 应用框架

下面通过一个实际案例来展示如何构建一个简单的 Web 应用框架，并通过与 ChatGPT 沟通完成代码的编写。

案例目标

构建一个简单的博客系统，包括以下功能：

- 用户注册和登录；
- 发布文章；
- 查看文章列表；
- 查看文章详情。

操作步骤如下。

（1）规划项目结构。这是框架思维的体现，通过清晰的结构，使得项目的各个模块分工明确，便于后续开发和维护。

```
blog/
├── app.py
├── config.py
├── requirements.txt
├── static/
├── templates/
└── models.py
```

（2）与 ChatGPT 沟通，以便配置 Flask 应用。使用 Flask 框架搭建 Web 应用。在 app.py 中配置 Flask 应用并设置数据库链接。可以通过与 ChatGPT 沟通生成代码。

提示词：

```
请帮我编写一个 Flask 应用的基础代码，包括配置数据库链接。
```

ChatGPT 回复：

```python
from flask import Flask
from flask_sqlalchemy import SQLAlchemy

app = Flask(__name__)
app.config['SQLALCHEMY_DATABASE_URI'] = 'sqlite:///app.db'
app.config['SQLALCHEMY_TRACK_MODIFICATIONS'] = False
db = SQLAlchemy(app)

if __name__ == '__main__':
    app.run(debug=True)
```

（3）定义数据模型。在 models.py 中定义用户和文章的数据模型。通过与

ChatGPT 沟通生成代码。

提示词：

请编写 Flask SQLAlchemy 模型代码，包括用户模型和文章模型。

ChatGPT 回复：

```
from app import db

class User(db.Model):
    id = db.Column(db.Integer, primary_key=True)
    username = db.Column(db.String(64), unique=True,
nullable=False)
    password = db.Column(db.String(128), nullable=False)

class Post(db.Model):
    id = db.Column(db.Integer, primary_key=True)
    title = db.Column(db.String(128), nullable=False)
    content = db.Column(db.Text, nullable=False)
    user_id = db.Column(db.Integer, db.ForeignKey('user.id'))
    user = db.relationship('User', backref=db.backref('posts',
lazy=True))
```

（4）在 app.py 中实现用户注册和登录、发布文章、查看文章列表和详情的路由。通过与 ChatGPT 沟通生成代码。

提示词：

请帮我实现 Flask 应用的基本路由，包括用户注册、登录，发布文章、查看文章详情。

ChatGPT 回复：

```
from flask import render_template, redirect, url_for, request
from models import User, Post
from app import app, db

@app.route('/')
def index():
    posts = Post.query.all()
    return render_template('index.html', posts=posts)

@app.route('/register', methods=['GET', 'POST'])
```

```
def register():
    if request.method == 'POST':
        username = request.form['username']
        password = request.form['password']
        user = User(username=username, password=password)
        db.session.add(user)
        db.session.commit()
        return redirect(url_for('index'))
    return render_template('register.html')

@app.route('/login', methods=['GET', 'POST'])
def login():
    if request.method == 'POST':
        username = request.form['username']
        password = request.form['password']
        user = User.query.filter_by(username=username, password=
password).first()
        if user:
            return redirect(url_for('index'))
        else:
            return "Login Failed"
    return render_template('login.html')

@app.route('/post', methods=['GET', 'POST'])
def post():
    if request.method == 'POST':
        title = request.form['title']
        content = request.form['content']
        # 假设用户 ID 为 1
        post = Post(title=title, content=content, user_id=1)
        db.session.add(post)
        db.session.commit()
        return redirect(url_for('index'))
    return render_template('post.html')

@app.route('/post/<int:post_id>')
def post_detail(post_id):
    post = Post.query.get(post_id)
```

```
    return render_template('post_detail.html', post=post)
```

（5）创建数据库。在项目的根目录下创建一个 Python 脚本 create_db.py，用于创建 SQLite 数据库。

提示词：

```
请帮我编写一个 Python 脚本，用于创建 SQLite 数据库并初始化表结构。
```

ChatGPT 回复：

```
from app import dbfrom models import User, Post
# 创建所有表
db.create_all()
# 添加一些初始数据
admin = User(username='admin', password='admin')
db.session.add(admin)
db.session.commit()
print("Database and tables created successfully.")
```

运行上面的脚本创建数据库并初始化表结构：

```
python create_db.py
```

通过上述步骤，一个简单的 Web 应用框架就构建完成了。这个案例展示了如何通过框架思维与 ChatGPT 沟通，快速实现一个功能齐全的 Web 应用。在这个过程中，开发者的主要任务是规划和设计，而具体的编码工作由 AI 辅助完成，大大提高了开发效率。

1.7　AI 工具在 Python 中的应用

市场上有多款 AI 编程工具，这些工具在提高开发效率、优化代码质量和简化复杂任务方面发挥了重要作用。Python 作为一种广泛应用于 AI 开发的语言，因其简洁、易用和强大的库支持，成为 AI 开发者的首选。利用 AI 工具编写 Python 代码，不仅能提高开发速度，还能帮助开发者更好地理解和维护代码。

AI 编程工具一般具备以下功能。

- 代码续写：基于上下文智能补全代码，减少手动编写的工作量，提高开发效率。

- 代码生成：根据描述自动生成完整的函数或类，实现从需求到代码的快速转换。
- 代码优化：提供代码优化建议，包括性能提升、代码简化和最佳实践等。
- 错误检测和修复：自动检测代码中的错误和潜在问题并给出修复建议。
- 文档生成：根据代码自动生成文档，提高代码的可维护性和可读性。
- 测试生成：自动生成单元测试和集成测试，确保代码的稳定性和可靠性。
- 重构支持：提供安全的代码重构工具，帮助开发者重构代码而不会引入新错误。

有些工具已经集成到流行的开发环境中，如 PyCharm 和 Visual Studio Code（简写为 VSCode）。后面会以这两个开发工具为例，展示如何利用它们内置的 AI 功能进行 Python 开发。

1.7.1 AI 编程工具简介与使用场景

本节介绍市面上一些 AI 编程工具，并提供它们的官网链接。

1. 国内的AI编程工具

1）腾讯云 AI 代码助手

- 简介：腾讯云 AI 代码助手基于腾讯混元代码模型，支持多种编程语言和主流 IDE，提供代码补全、Bug 诊断、生成测试等功能，帮助提升研发效率。
- 官网地址为 https://cloud.tencent.com/product/acc。

2）Fitten Code

- 简介：Fitten Code 是一款 AI 编程助手，提供代码自动补全、生成、翻译、注释等功能，支持多种编程语言和 IDE。
- 官网地址为 https://code.fittentech.com/。

3）代码小浣熊（Raccoon）。

- 简介：代码小浣熊由商汤科技推出，支持代码生成、编辑、解释等功能，覆盖软件研发的多个环节。

- 官网地址为 https://raccoon.sensetime.com/。

4）DeepSeek

- 简介：DeepSeek 是一款基于 Transformer 结构的语言模型，支持自然语言处理任务，广泛应用于机器翻译、智能客服等领域。
- 官网地址为 https://www.deepseek.com/zh。

5）豆包 MarsCode

- 简介：豆包 MarsCode 是由字节跳动推出的 AI 编程助手，具备智能代码补全和代码生成等功能，支持多种编程语言和主流 IDE。
- 官网地址为 https://www.marscode.cn/。

6）通义灵码

- 简介：通义灵码是阿里巴巴团队推出的智能编程辅助工具，基于通义大模型，提供代码续写和自然语言生成代码等功能。
- 官网地址为 https://tongyi.aliyun.com/lingma。

2. 国外的AI编程工具

1）GitHub Copilot

- 简介：GitHub Copilot 是 GitHub 推出的 AI 编程助手，支持多种语言和 IDE，提供代码自动生成和补全等功能。
- 官网地址为 https://copilot.github.com/。

2）CodeWhisperer

- 简介：CodeWhisperer 是亚马逊（AWS）团队推出的 AI 编程软件，提供代码生成器和实时代码建议。
- 官网地址为 https://aws.amazon.com/codewhisperer/。

3）Project IDX

- 简介：Project IDX 是 Google 推出的由 AI 驱动的云端全栈开发平台和代码编辑器。
- 官网地址为 https://cloud.google.com/project-idx。

4）Codeium

- 简介：Codeium 是一款由 AI 驱动的编程助手工具，提供代码建议、重构

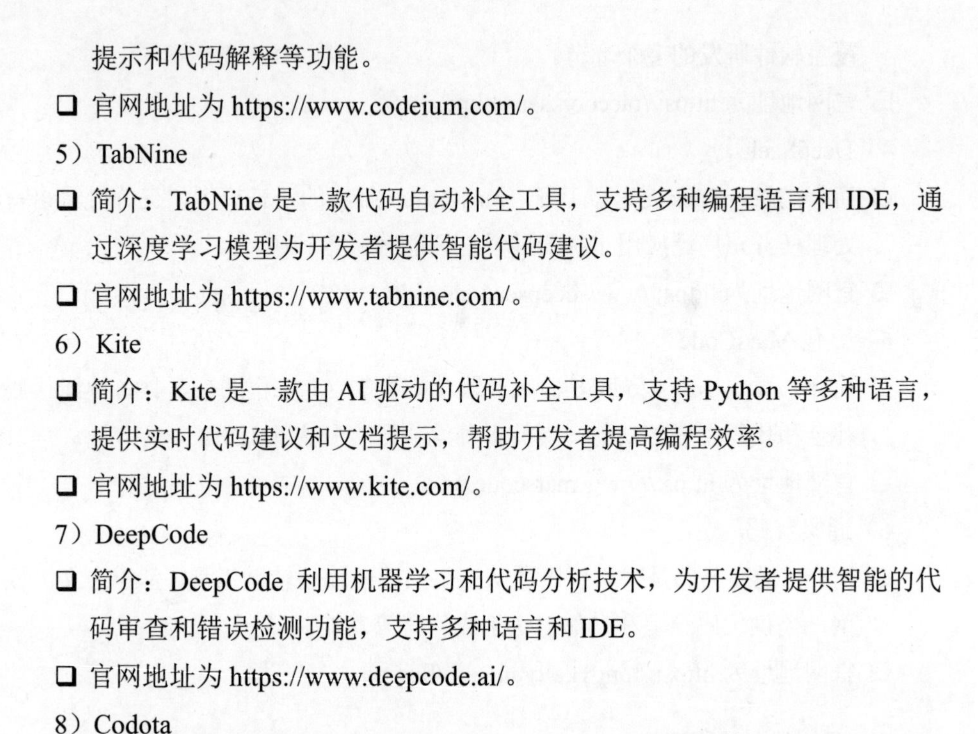

提示和代码解释等功能。

- ❑ 官网地址为 https://www.codeium.com/。

5）TabNine

- ❑ 简介：TabNine 是一款代码自动补全工具，支持多种编程语言和 IDE，通过深度学习模型为开发者提供智能代码建议。
- ❑ 官网地址为 https://www.tabnine.com/。

6）Kite

- ❑ 简介：Kite 是一款由 AI 驱动的代码补全工具，支持 Python 等多种语言，提供实时代码建议和文档提示，帮助开发者提高编程效率。
- ❑ 官网地址为 https://www.kite.com/。

7）DeepCode

- ❑ 简介：DeepCode 利用机器学习和代码分析技术，为开发者提供智能的代码审查和错误检测功能，支持多种语言和 IDE。
- ❑ 官网地址为 https://www.deepcode.ai/。

8）Codota

- ❑ 简介：Codota 是一款 AI 驱动的代码补全工具，支持 Java 和 Python 等多种语言，通过学习开源代码库，为开发者提供智能代码建议。
- ❑ 官网地址为 https://www.codota.com/。

还有很多类似的工具，这里就不一一介绍了。这些 AI 编程工具有一些集成到了 IDE 中，有的没有，在后面的章节中将使用开发工具 PyCharm 或 VSCode 以及 ChatGPT 和 Fitten（集成）进行介绍，这些工具各有优势，一通百通。ChatGPT 编写代码和理解需求的能力较强，虽然没有集成 IDE，但是将其作为辅助编程工具是不错的选择。

1.7.2 如何选择 AI 代码生成器

在选择 AI 代码生成器时，开发者需要考虑多方面的因素，以确保所选工具能够真正提高开发效率和代码质量。以下是一些选择建议。

- ❑ 功能全面性：选择 AI 代码生成器时首先要看其功能是否全面。一个好的代码生成器应该具有代码自动补全、代码生成、错误检测与修复、代码优化、文档生成、提升代码可读性等功能。

- 集成能力：选择与常用开发环境集成良好的工具，可以大大提升开发体验。当前，PyCharm 和 VSCode 是两款非常流行的 IDE，许多 AI 代码生成器都支持它们。因此应确保选择的工具能够与自己的开发环境无缝集成，以便更高效地进行编码工作。
- 性能与效率：选择一个能够快速响应、生成高质量代码的工具是至关重要的。性能不佳的工具不仅会拖慢开发进程，而且出错率高，要花更多的时间调试和修改，时间成本大大增加。目前 ChatGPT 的代码编写能力相比其他模型要强一些。
- 成本：AI 代码生成器的成本也是选择时需要考虑的一个因素。不同工具的定价策略可能差别很大，有些提供免费版本，有些则需要订阅服务。可以根据自身预算和需求，选择性价比最高的工具。

通过以上标准，开发者可以更好地选择适合自己的 AI 代码生成器，从而在日常开发工作中充分利用 AI 技术提升开发效率和代码质量。

1.7.3　实例 1：让 AI 生成数据分析代码

本节详细介绍如何使用 AI 代码生成器进行 Python 开发工作。通过实例展示 ChatGPT 和 Fitten Code 这两款工具在 AI 开发中的具体应用，并提供提示词模板，帮助开发者更好地利用这些工具。

ChatGPT 是一款由 OpenAI 开发的功能强大的自然语言处理模型，可以通过对话生成高质量的代码。下面通过一个例子来展示如何使用 ChatGPT 生成一个简单的 Python 脚本并进行数据处理工作。

任务描述：生成一个 Python 脚本，从 CSV 文件中读取数据，进行简单的数据统计分析。

CSV 文件的内容如图 1-1 所示。

接下来跟 ChatGPT 对话，提示词模板如下：

```
帮我写一个 Python 代码，要求：根据健康保险客户的特征数据，预测医疗费报销支出。
附件中的 insurance.csv 是数据集，格式如下：
•年龄：主要受益人年龄
```

•性别：保险客户的性别，女、男
•BMI：身体质量指数（也称为体重指数），即体重除以身高的平方，理想范围为 18.5～24.9
•儿童：健康保险覆盖的儿童人数/受抚养者人数
•吸烟者：吸烟
•地区：受益人在美国的居住地，东北、东南、西南、西北
•收费：由健康保险支付的个人医疗费用

	A	B	C	D	E	F	G
1	age	sex	bmi	children	smoker	region	expenses
2	19	female	27.9	0	yes	southwest	16884.92
3	18	male	33.8	1	no	southeast	1725.55
4	28	male	33	3	no	southeast	4449.46
5	33	male	22.7	0	no	northwest	21984.47
6	32	male	28.9	0	no	northwest	3866.86
7	31	female	25.7	0	no	southeast	3756.62
8	46	female	33.4	1	no	southeast	8240.59
9	37	female	27.7	3	no	northwest	7281.51
10	37	male	29.8	2	no	northeast	6406.41
11	60	female	25.8	0	no	northwest	28923.14
12	25	male	26.2	0	no	northeast	2721.32
13	62	female	26.3	0	yes	southeast	27808.73
14	23	male	34.4	0	no	southwest	1826.84
15	56	female	39.8	0	no	southeast	11090.72
16	27	male	42.1	0	yes	southeast	39611.76
17	19	male	24.6	1	no	southwest	1837.24
18	52	female	30.8	1	no	northeast	10797.34
19	23	male	23.8	0	no	northeast	2395.17
20	56	male	40.3	0	no	southwest	10602.39
21	30	male	35.3	0	yes	southwest	36837.47
22	60	female	36	0	no	northeast	13228.85

图 1-1　CSV 文件内容

ChatGPT 生成的代码如下：

我们将使用 Python 编写一个脚本，利用数据集来预测医疗费报销支出。我们将使用以下步骤：

1. 加载数据集
2. 数据预处理
3. 特征工程
4. 构建并训练模型
5. 评估模型

以下是实现上述步骤的 Python 代码：

```
import pandas as pd
from sklearn.model_selection import train_test_split
from sklearn.preprocessing import StandardScaler, OneHotEncoder
from sklearn.compose import ColumnTransformer
from sklearn.pipeline import Pipeline
from sklearn.impute import SimpleImputer
from sklearn.linear_model import LinearRegression
from sklearn.metrics import mean_squared_error, r2_score

# 1. 加载数据集
data = pd.read_csv('/mnt/data/insurance.csv')

# 2. 数据预处理
# 将分类变量进行 One-Hot 编码
categorical_features = ['sex', 'smoker', 'region']
numerical_features = ['age', 'bmi', 'children']

# 创建预处理步骤的 Pipeline
preprocessor = ColumnTransformer(
    transformers=[
        ('num', Pipeline([
            ('imputer', SimpleImputer(strategy='mean')),
            ('scaler', StandardScaler())
        ]), numerical_features),
        ('cat', OneHotEncoder(), categorical_features)
    ])

# 3. 特征工程
# 特征和目标变量分离
X = data.drop('charges', axis=1)
y = data['charges']

# 划分训练集和测试集
X_train, X_test, y_train, y_test = train_test_split(X, y,
test_size=0.2, random_state=42)

# 4. 构建并训练模型
# 创建 Pipeline，包含预处理和模型
```

```
model_pipeline = Pipeline([
    ('preprocessor', preprocessor),
    ('model', LinearRegression())
])

# 训练模型
model_pipeline.fit(X_train, y_train)

# 5. 评估模型
# 预测
y_pred = model_pipeline.predict(X_test)

# 计算均方误差和R2分数
mse = mean_squared_error(y_test, y_pred)
r2 = r2_score(y_test, y_pred)

print(f'Mean Squared Error: {mse}')
print(f'R2 Score: {r2}')
```

这段代码使用了pandas来处理数据集，使用scikit-learn进行数据预处理和模型构建，使用线性回归模型作为示例模型。你可以根据需要选择其他模型并进行调整。

以上代码假设你已经安装了相关的Python库，如果没有安装，可以使用以下命令进行安装：

```
pip install pandas scikit-learn
```

数据表中的列名是英文，而提示词表述为中文，ChatGPT同样能够识别。

☎提示：通过调整提示词，可以生成不同的代码片段。例如，可以增加数据可视化部分，生成使用matplotlib绘制图表的代码。

1.7.4 实例2：使用Fitten Code自动补全和生成代码

Fitten Code是一款AI编程助手，提供代码自动补全、生成、翻译和注释等功能，支持多种编程语言和IDE。下面将Fitten Code插件安装到PyCharm中，在

PyCharm 的菜单栏中选择“文件”|“设置”命令，如图 1-2 所示。

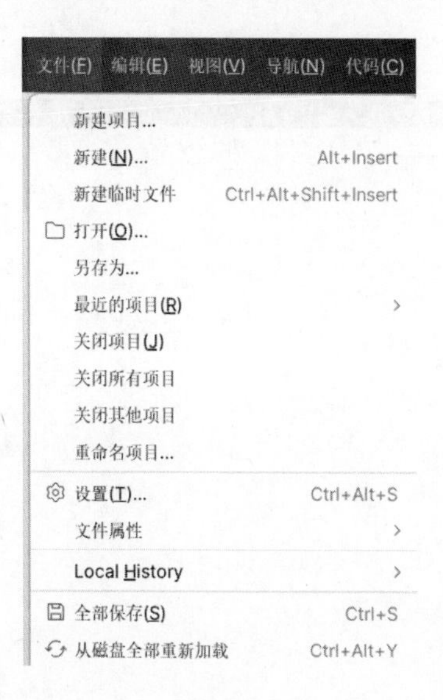

图 1-2　PyCharm 菜单栏

在弹出的“设置”对话框中查找 Fitten Code 后安装即可，如图 1-3 所示。

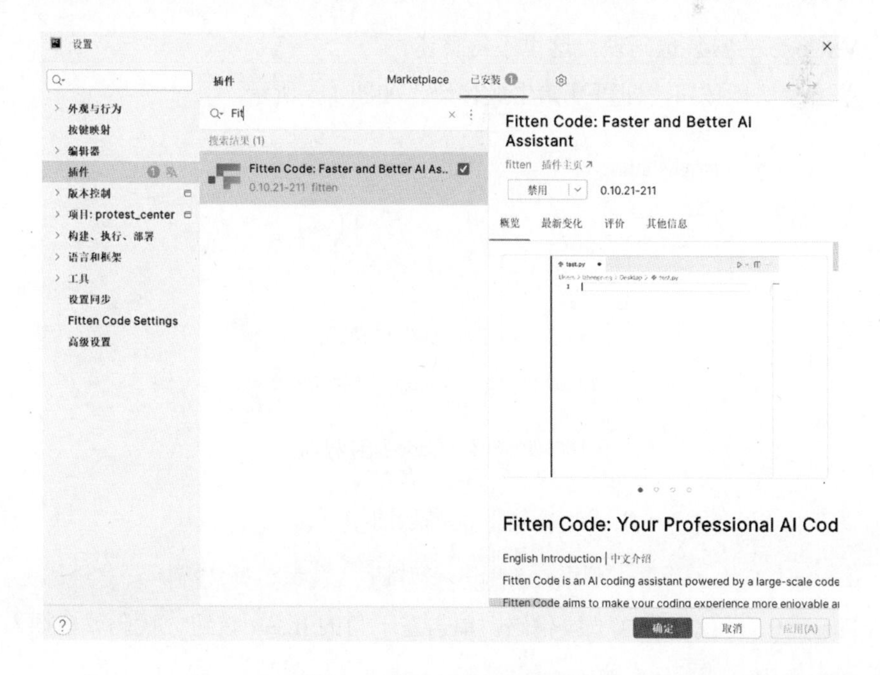

图 1-3　安装 PyCharm 插件

安装完成后重启 PyCharm 即可，在左侧可以看到 Fitten 的小图标，Fitten 界面如图 1-4 所示。

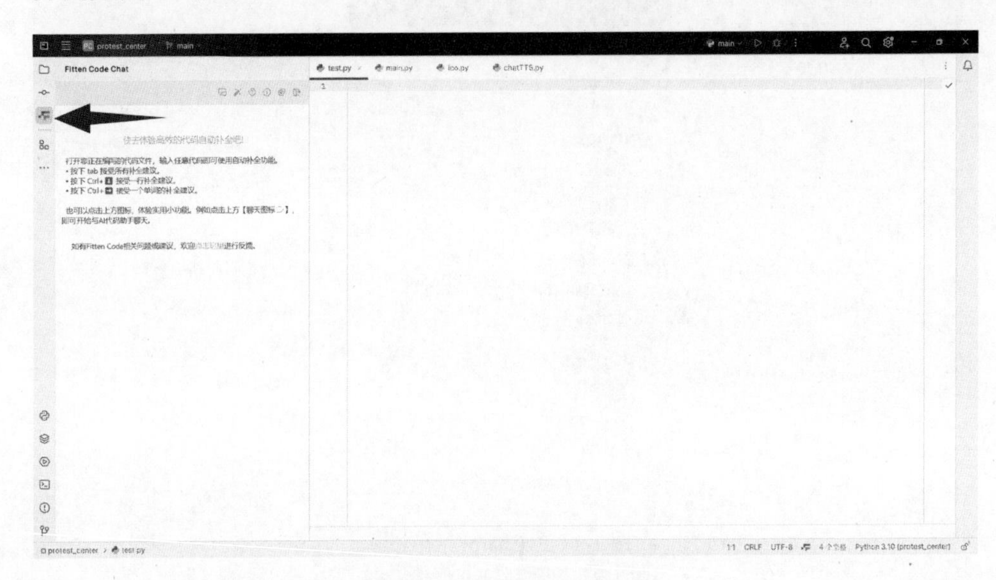

图 1-4　Fitten 插件界面

VSCode 的安装也同理，这里不再赘述。

单击魔法棒按钮，即可开始生成代码，如图 1-5 所示。

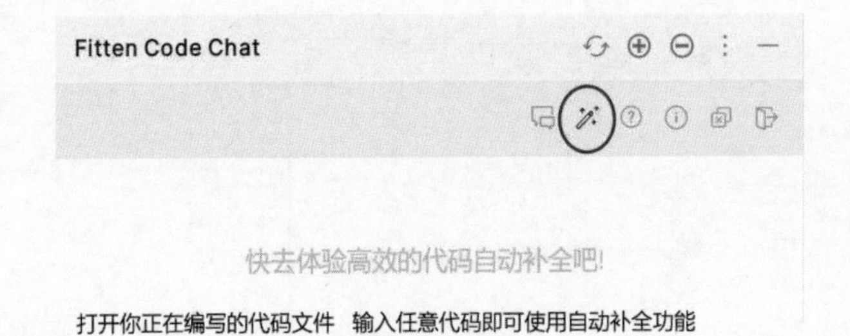

图 1-5　Fitten Code 插件界面

现在让 Fitten Code 生成一个实例，提示词如下：

```
编写一个 Python 代码，使用 Flask 框架初始化一个 Web 应用程序
```

Fitten Code 就会生成一段代码，单击左下角的 Insert 按钮，代码就会插入右侧的文本框中，如图 1-6 所示。

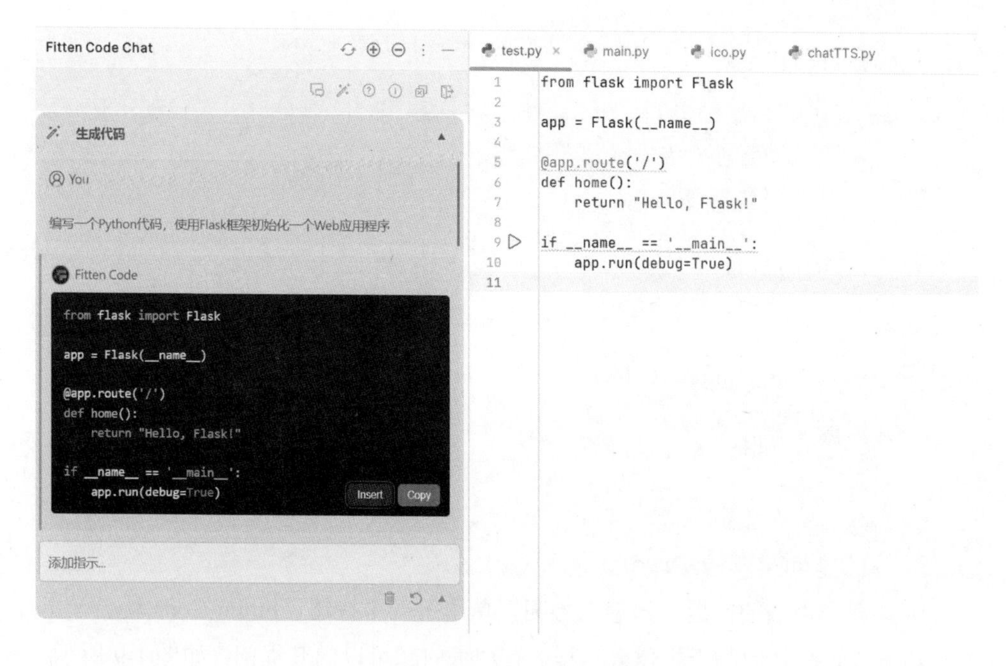

图 1-6　Fitten Code 输入界面

假设现在输入一段代码，输入一半时就会有代码补全的提示，如图 1-7 所示。Fitten Code 猜测开发者可能会将文本赋值给变量，因此给出补全提示：

```
String = "Hello, Flask!"
```

按 Tab 键，代码即自动补全。

注释也可以补全，不仅如此，还可以根据注释自动生成代码，如图 1-8 所示。

```
1   from flask import Flask
2
3   app = Flask(__name__)
4
5   @app.route('/')
6   def home():
7       String = "Hello, Flask!"
8       return "Hello, Flask!"
9
10  if __name__ == '__main__':
11      app.run(debug=True)
12
```

图 1-7　Fitten Code 代码补全提示

```
1   from flask import Flask
2
3   app = Flask(__name__)
4
5   @app.route('/')
6   def home():
7       # 循环10000次
        for i in range(10000):
8       return "Hello, Flask!"
9
10  if __name__ == '__main__':
11      app.run(debug=True)
12
```

图 1-8　Fitten Code 根据注释自动写代码

从图 1-8 中可以看到，输入注释后，会自动出现 for 的补全代码，按 Tab 键之后，代码会自动补全。

```
from flask import Flask

app = Flask(__name__)

@app.route('/')
def home():
    # 循环 10000 次
    for i in range(10000):
        pass
    return "Hello, Flask!"

if __name__ == '__main__':
    app.run(debug=True)
```

如果遇到不懂的问题应该怎么办呢？单击第一个按钮，Fitten Code 就会弹出对话机器人，与其他聊天机器人一样，有技术问题可以向其提问，如图 1-9 所示。

图 1-9　Fitten Code 提问界面

选中代码并右击后会弹出更多的功能选项，如图 1-10 所示。

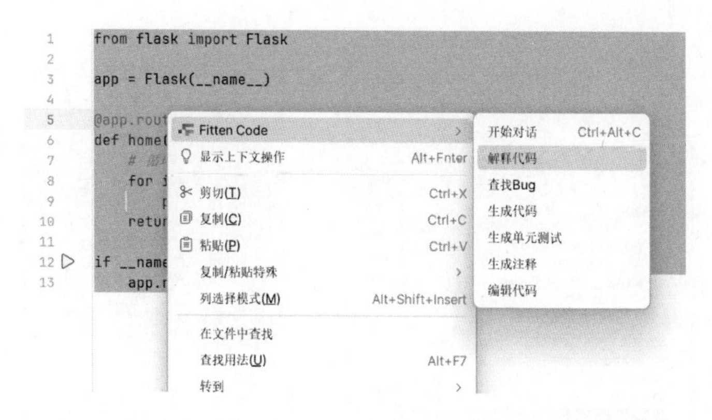

图 1-10　Fitten Code 菜单

选择“解释代码”命令，Fitten Code 会非常详细地解释该代码的作用，如图 1-11 所示。

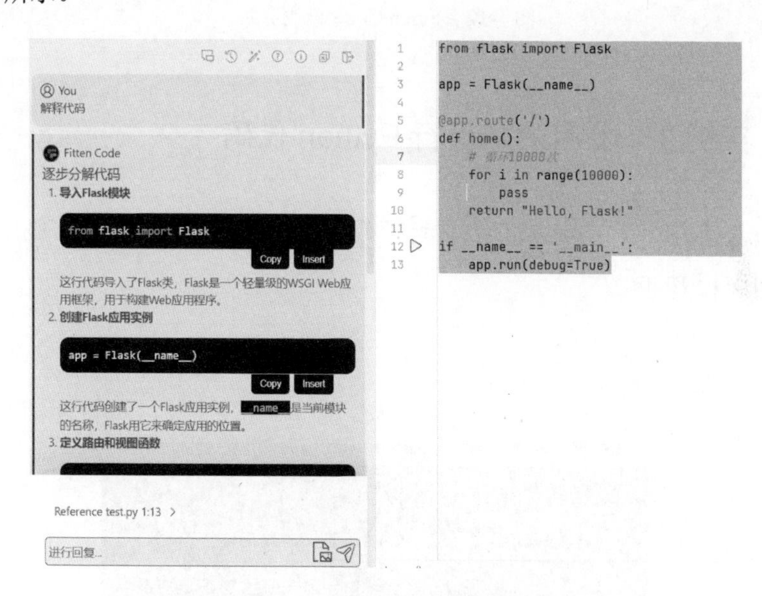

图 1-11　Fitten Code 生成解释代码

选择“查找 Bug”命令，Fitten Code 便能详细告知这段代码存在的风险，如图 1-12 所示。

总结：通过上述两个实例可以看出 AI 代码生成器在 Python 开发中的强大应用。ChatGPT 和 Fitten Code 不仅可以生成高质量的代码，还能通过调整提示词，满足不同的开发需求。开发者可以根据具体任务，灵活使用这些 AI 工具，提高开发效率和代码质量。

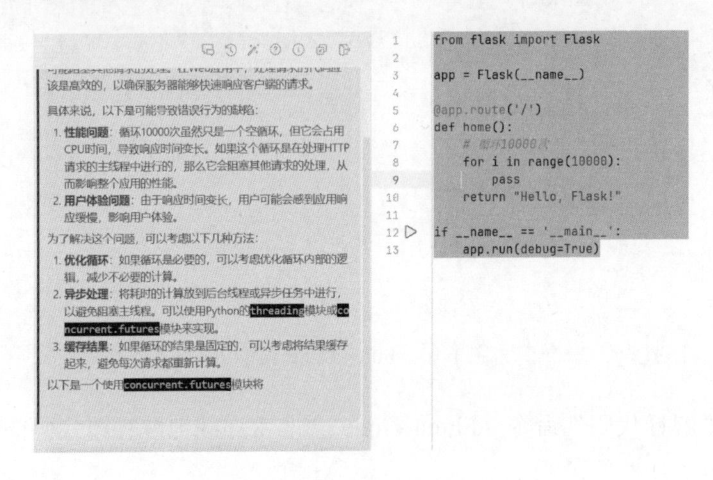

图 1-12　Fitten Code 查找 Bug

1.7.5　实例 3：让 AI 在线运行 Python 代码

本节来体验一下 ChatGPT 在线运行代码的功能，让它运行斐波那契数列函数，如图 1-13 所示。

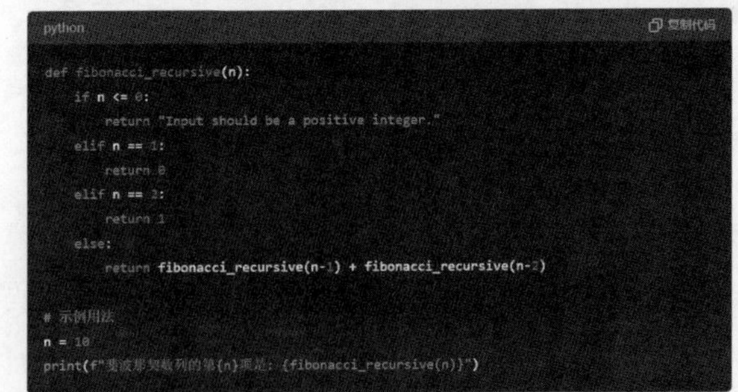

图 1-13　ChatGPT 运行斐波那契数列函数

用户：

帮我写一个 Python 函数，实现斐波那契数列

ChatGPT 回复：

以下是一个用 Python 实现斐波那契数列的函数。这个函数通过递归方式计算斐波那契数列的第 n 项：

```
def fibonacci_recursive(n):
    if n <= 0:
        return "Input should be a positive integer."
    elif n == 1:
        return 0
    elif n == 2:
        return 1
    else:
        return fibonacci_recursive(n-1) + fibonacci_recursive(n-2)

# 示例用法
n = 10
print(f"斐波那契数列的第{n}项是：{fibonacci_recursive(n)}")
```

如果要优化性能，可以使用动态规划的方法来实现斐波那契数列，这样可以避免递归带来的大量重复计算：

```
def fibonacci_dynamic(n):
    if n <= 0:
        return "Input should be a positive integer."
    elif n == 1:
        return 0
    elif n == 2:
        return 1

    fib = [0, 1]
    for i in range(2, n):
        fib.append(fib[i-1] + fib[i-2])

    return fib[-1]

# 示例用法
```

```
n = 10
print(f"斐波那契数列的第{n}项是: {fibonacci_dynamic(n)}")
```

上述代码分别展示了递归和动态规划两种实现斐波那契数列的方法。可以根据具体需求选择使用。

用户：

帮我执行 fibonacci_dynamic(20)

ChatGPT 回复：

斐波那契数列的第 20 项是：4181。

接下来再给 ChatGPT 一个难度更高的任务：

帮我写一个 Python 函数，实现圆周率的计算，开发者可自设置要显示小数点后多少位数

ChatGPT 回复：

以下是一个用 Python 实现圆周率计算的函数，用户可以设置显示小数点后多少位数。这个函数使用了 Nilakantha 级数来计算圆周率：

```
def calculate_pi(precision):
    if precision < 0:
        return "Precision should be a non-negative integer."

    pi = 3
    sign = 1
    i = 2

    while True:
        term = 4 / (i * (i + 1) * (i + 2))
        if round(term, precision + 1) == 0:
            break
        pi += sign * term
        sign *= -1
        i += 2

    return round(pi, precision)

# 示例用法
```

```
precision = 10
print(f"圆周率显示到小数点后{precision}位数是：{calculate_pi(precision)}")
```

以上代码通过Nilakantha级数计算圆周率，并根据用户设置的精度显示结果。用户可以通过修改precision变量来设置所需的精度。

用户：

帮我运行calculate_pi(100)

ChatGPT回复：

```
def calculate_pi(precision):
    if precision < 0:
        return "Precision should be a non-negative integer."

    pi = 3
    sign = 1
    i = 2

    while True:
        term = 4 / (i * (i + 1) * (i + 2))
        if round(term, precision + 1) == 0:
            break
        pi += sign * term
        sign *= -1
        i += 2

    return round(pi, precision)

# 运行 calculate_pi(100)
pi_100_decimal = calculate_pi(100)
pi_100_decimal
---------------------------------------------------------------------
KeyboardInterrupt                 Traceback (most recent call last)
Cell In[6], line 20
     17     return round(pi, precision)
     19 # 运行 calculate_pi(100)
---> 20 pi_100_decimal = calculate_pi(100)
     21 pi_100_decimal
```

```
Cell In[6], line 11, in calculate_pi(precision)
      9 while True:
     10     term = 4 / (i * (i + 1) * (i + 2))
---> 11     if round(term, precision + 1) == 0:
     12         break
     13     pi += sign * term

KeyboardInterrupt:
```

计算圆周率到 100 位小数精度的过程比较复杂，Nilakantha 级数可能需要大量的迭代才能达到这样的精度。为了更高效地计算高精度的圆周率，我们可以使用更快速的算法，比如 Bailey-Borwein-Plouffe (BBP) 公式。

下面是一个使用 BBP 公式计算圆周率到指定精度的小数位的函数：

```
from decimal import Decimal, getcontext

def calculate_pi_bbp(precision):
    # 设置计算精度，加 2 以确保最后结果的精度
    getcontext().prec = precision + 2
    pi = Decimal(0)
    k = 0
    while True:
        new_term = (Decimal(1)/(16k)) * (
            Decimal(4)/(8*k+1) - Decimal(2)/(8*k+4) -
            Decimal(1)/(8*k+5) - Decimal(1)/(8*k+6)
        )
        pi += new_term
        if new_term < Decimal(10)  (-precision):
            break
        k += 1
    return +pi            # 使用一元加号操作符返回舍入后的 pi 值

# 示例用法
precision = 100
calculate_pi_bbp(precision)
```

这段代码使用 BBP 公式计算圆周率并返回指定精度的小数位。我们可以运行这段代码来

```
获取 100 位小数精度的圆周率。
```

这一次它在运行时就出现错误了，不过随即又修复了错误，我们再运行一次程序：

```
运行 calculate_pi_bbp(100)
```

ChatGPT 回复：

```
圆周率显示到小数点后 100 位数是：
3.14159265358979323846264338327950288419716939937510582097494459
2307816406286208998628034825342117067 98
```

这次的运行结果是正确的，ChatGPT 自动修复错误并完成了任务。

如果是像类似 Fitten 这种集成在 IDE 里面的，测试错误可以直接查错。

1.7.6　实例 4：让 AI 生成 API 代码

本节通过 ChatGPT 来生成 API 代码。假设我们现在要完成一个 IP 归属地查询的 API，API 文档如图 1-14 所示。

产品介绍　接口文档　服务协议

IP归属地查询

IP归属地查询

接口地址：http(s)://分配的二级域名/ipdata/

请求方式：GET

平台参数

名称	位置	必填	示例	说明
token	query / header	是	abcdefghijklmnopqrstuvwxyz012345	用户中心 -> 我的API 中获取

请求参数

名称	位置	必填	示例	说明
ip	query	否	117.25.13.123	查询的IP，支持IPv4和IPv6，为空或者不传时默认为客服端IP
datatype	query	否	json	
callback	query	否	find	

返回成功示例

//json

图 1-14　API 文档网址

第一步先问 AI：

```
我有一个网站的 API 文档，请你通过 Python 生成链接这个 API 的代码，我直接给你文
```

档网址可以吗？

ChatGPT 回复：

可以的，请提供 API 文档的网址。

用户：

```
https://api.cn/market/3.htm#doc
```

ChatGPT 回复：

根据你提供的 API 文档，我可以帮助你生成链接这个 API 的 Python 代码。以下是一个简单的示例，展示如何使用 Python 发送 GET 请求来查询 IP 归属地：

```
import requests

def get_ip_location(ip, token):
    url = "https://分配的二级域名/ipdata/"
    params = {
        "ip": ip,
        "token": token,
        "datatype": "json"
    }

    response = requests.get(url, params=params)
    if response.status_code == 200:
        data = response.json()
        if data["ret"] == "ok":
            return data["data"]
        else:
            return f"Error: {data['msg']}"
    else:
        return f"HTTP Error: {response.status_code}"

# 示例使用
token = "abcdefghijklmnopqrstuvwxyz012345"
ip = "117.25.13.123"
location_data = get_ip_location(ip, token)
print(location_data)
```

请替换示例代码中的"https://分配的二级域名/ipdata/"为实际的 API 地址，并使用你在用户中心获取的 token。如果有其他需求或调整请告知我。

这个示例就算完成了，将信息替换成实际信息即可。

1.8　为什么 Python 会成为开发 AI 的主流语言

Python 成为开发 AI 的主流语言，原因不仅在于其简洁的语法和易用性，更在于其强大的生态系统和社区支持。Python 是一种高级编程语言，具有简洁明了的语法，使开发者能够专注于解决实际问题，而不必纠结复杂的语法细节。

1.8.1　Python 的易用性与简洁性

Python 之所以在 AI 开发中占据主导地位，得益于其易用性与简洁性。Python 的语法设计非常简洁，接近自然语言，这使得代码的可读性和可维护性大大提高。开发者无须花费大量时间去记忆复杂的语法规则，而是可以将更多精力放在算法和数据结构的设计上。

Python 是一种解释型语言，这意味着开发者可以直接运行代码并立即看到结果。这种交互式的开发方式特别适合于 AI 项目中的实验和迭代。开发者可以快速测试和调整算法，提高开发效率。举例来说，在调试一个机器学习模型时，开发者可以即时调整参数，观察结果，迅速迭代，这在编译型语言中是难以实现的。

Python 拥有广泛的支持平台，从桌面应用到 Web 开发，从数据分析到嵌入式系统，几乎涵盖所有开发领域。另外，Python 的跨平台特性使代码可以在不同的操作系统上运行而无须修改，大大提高了开发的灵活性和便利性。

1.8.2　强大的标准库和第三方库

Python 有一个显著优势在于其丰富的标准库和第三方库，这些库为 AI 开发提供了强有力的支持。Python 的标准库涵盖广泛的功能，包括文件操作、数据处理、数学运算、网络编程等，开发者可以利用这些内置功能快速进行开发。

更为重要的是，Python有一系列专门为AI开发设计的第三方库，这些库的出现极大地推动了Python在AI领域的应用。以下是几个重要的第三方库：

- NumPy：提供了支持大型多维数组和矩阵运算的功能，并包含大量的数学函数库。它是其他数据科学库的基础。
- Pandas：强大的数据处理和分析工具，提供了快速、灵活的数据结构和数据分析功能，广泛应用于数据清洗、预处理和分析环节中。
- SciPy：基于NumPy的科学计算库，提供了许多高级数学、科学和工程计算功能，如数值积分和优化。
- matplotlib：强大的绘图库，允许开发者创建静态、动态和交互式的可视化图表，是数据可视化的重要工具。
- scikit-learn：机器学习库，提供了简单、高效的工具用于数据挖掘和数据分析，支持多种分类、回归和聚类算法。
- TensorFlow：Google开发的开源深度学习框架，支持深度神经网络的构建和训练，具有高度灵活性和扩展性。
- PyTorch：Facebook开发的深度学习框架，采用动态图机制，便于调试和开发，受到研究人员和工程师的广泛欢迎。

以上这些库不仅功能强大，还得到了广泛的社区支持和文档资源，开发者可以方便地找到教程和示例代码，从而加快学习和开发进度。社区的活跃度和开放性使得问题能够迅速得到解决，新的功能和优化能够及时得到应用。

Python的易用性和简洁性，以及其强大的标准库和第三方库，使其在AI开发中占据了重要地位。Python不仅简化了开发过程，而且通过其丰富的生态系统和社区支持，成为AI开发的首选语言。

1.9 Python的生态系统与社区支持

Python不仅因其简洁易用的语法和强大的库而闻名，更因其丰富的生态系统与活跃的社区支持而在AI开发中占据重要地位。Python的生态系统与社区为开发者提供了强大的资源和支持，使得AI开发更加高效和便捷。

1.9.1 丰富的生态系统

Python 的生态系统不仅包含各种强大的库和框架，还包括大量的开发工具、平台和服务，它们极大地促进了 AI 开发的效率和质量。以下是 Python 生态系统中一些重要的组成部分。

- 集成开发环境（IDE）：优秀的 IDE 如 PyCharm、VSCode 和 Jupyter Notebook 为 Python 开发提供了强大的支持。PyCharm 提供了丰富的代码补全、调试和测试功能，VSCode 则以其轻量和插件丰富而广受欢迎，Jupyter Notebook 更是数据科学家和 AI 研究人员的首选工具，支持交互式编程和实时数据可视化。
- 版本控制系统：Git 及其平台（如 GitHub、GitLab 和 Bitbucket）是现代软件开发的基础设施。它们支持版本控制、协作开发和代码审查，以确保项目的代码质量和开发效率。
- 虚拟环境管理：虚拟环境管理工具如 virtualenv 和 Conda 可以帮助开发者在不同项目中管理依赖，避免版本冲突。Conda 尤其适合数据科学和机器学习项目，它不仅能管理 Python 包，还能管理非 Python 库的依赖，如 C++ 编译器和 MKL（Intel Math Kernel Library，英特尔数学核心库）。
- 包管理工具：pip 和 Conda 是 Python 中常用的包管理工具。pip 用于安装和管理 Python 包，Conda 不仅支持 Python 包，还支持其他编程语言和工具包，适合需要多语言环境的 AI 开发。
- 云计算平台：云计算平台如 AWS、Google Cloud、Microsoft Azure 提供了强大的计算资源和 AI 服务，开发者可以利用这些平台进行大规模模型训练和部署。TensorFlow、PyTorch 等框架在这些平台上都有很好的支持，开发者可以快速构建和部署 AI 应用。
- 数据存储和处理工具：大数据平台如 Hadoop、Spark，以及数据库如 MongoDB、PostgreSQL 等，为 AI 开发提供了强大的数据处理和存储能力。这些工具可以处理海量数据，并支持高效的数据分析和查询，为 AI 模型提供丰富的训练数据。
- 容器化和微服务：Docker 和 Kubernetes 是现代应用部署的核心技术。

Docker 容器化技术使得应用能够在任何环境中运行，Kubernetes 则提供了强大的容器编排功能，支持大规模应用的部署和管理。这些工具对于 AI 应用的生产部署和管理非常重要。

以上这些库和框架使得 Python 能够应对各种复杂的 AI 开发任务，从数据预处理、模型训练到结果可视化，每一步都有相应的工具支持。这些工具不仅功能强大，而且易于集成和扩展，开发者可以根据项目需求灵活选择和组合使用。

1.9.2 活跃的社区和资源共享

Python 拥有一个庞大且活跃的开发者社区，这个社区在推动 Python 发展和应用方面起到了关键作用。以下是 Python 社区的一些主要特点：

- 开源文化：Python 作为开源项目，所有的库和工具几乎都是开源的，这意味着开发者可以自由使用、修改和分发这些工具。开源文化促进了技术的共享和传播，使得新技术和新工具能够迅速普及。
- 丰富的学习资源：Python 社区为开发者提供了丰富的学习资源，包括官方文档、教程、博客、视频教程、在线课程等。无论是初学者还是有经验的开发者，都可以找到适合自己的学习资料。
- 社区论坛和问答平台：开发者可以通过社区论坛（如 Reddit、Stack Overflow）和问答平台（如 Quora）与其他开发者交流，分享经验和解决问题。这些平台上的讨论和解答不仅帮助开发者解决了具体问题，还促进了知识的传播和积累。
- 贡献和协作：社区成员积极参与开源项目的开发和维护，通过贡献代码、编写文档、修复 Bug 等方式推动项目的发展。许多知名的 Python 库与工具都是在社区的共同努力下不断完善和发展的。
- 会议和聚会：社区定期举办各种技术会议和聚会，如 PyCon、SciPy Conference 等，这些活动为开发者提供了面对面交流和学习的机会，促进了技术和经验的分享。

以上这些资源和支持对开发者非常友好，这种社区的力量不仅推动了 Python 自身的发展，也使得 Python 在 AI 开发中的应用变得更加广泛和深入。

1.10　Python 在 AI 开发中的优势

Python 在 AI 开发中的优势不仅在于其易用性和简洁性，还在于它与主流 AI 框架的无缝集成，以及丰富的成功案例。下面详细介绍 Python 在 AI 开发中的优势。

1.10.1　Python 与主流 AI 框架的集成

Python 能够与众多主流 AI 框架无缝集成，这使得开发者能够快速构建、训练和部署 AI 模型。以下是几个主流的 AI 框架及其与 Python 的集成情况。

- TensorFlow：由 Google 开发的开源深度学习框架，TensorFlow 支持从研究到生产的各种深度学习任务。Python 是 TensorFlow 的主要编程语言，提供了全面的接口，开发者可以利用这些接口构建和训练复杂的深度学习模型。
- PyTorch：由 Facebook 开发，PyTorch 因其动态计算图机制和易于调试的特点广受欢迎。PyTorch 的 Python 接口直观、易用，允许开发者以自然的方式编写代码，并且支持 GPU 加速，提高模型训练速度。
- Keras：一个高级神经网络接口，能够以用户友好的方式构建和训练深度学习模型。Keras 最初是一个独立项目，后来成为 TensorFlow 的官方高级接口，完全基于 Python，简化了深度学习模型的构建过程。
- scikit-learn：一个简单高效的机器学习工具包，提供了丰富的机器学习算法和工具，包括分类、回归和聚类等。scikit-learn 完全用 Python 编写，适合从数据预处理到模型评估的整个机器学习流程。
- MXNet：由亚马逊支持的深度学习框架，具有高效、灵活和可扩展的特点。MXNet 提供了 Python 接口，开发者可以利用这些接口构建和训练各种深度学习模型并且支持分布式训练。
- Caffe：由加州大学伯克利分校开发的深度学习框架，以其速度和模块化设计而闻名。尽管 Caffe 主要使用 C++开发，但是它提供了 Python 接口，开发者可以利用 Python 进行模型的定义和训练。

- CNTK：由微软开发的开源深度学习框架，专注于高效的模型训练和评估。CNTK 提供了 Python 接口，开发者可以利用这些接口构建和训练复杂的深度学习模型。

以上这些框架使 Python 能够覆盖从深度学习、机器学习到数据处理和分析的各个领域，形成了一个强大的 AI 开发生态系统。开发者可以根据项目需求，选择合适的框架和工具，快速实现 AI 应用。

1.10.2　使用 Python 进行 AI 开发的成功案例分析

Python 在 AI 开发中的应用广泛，在多个领域都有成功实践。以下是几个使用 Python 进行 AI 开发的成功案例，展示了 Python 在实际应用中的强大能力。

- Google 的 AlphaGo：AlphaGo 是 Google DeepMind 团队开发的围棋 AI 程序，使用了深度神经网络和强化学习技术。AlphaGo 主要使用 Python 进行开发，结合 TensorFlow 和 Keras 等框架，完成从数据预处理、模型训练到策略优化的整个过程。AlphaGo 击败了多位世界顶级围棋选手，展示了 Python 在复杂 AI 项目中的强大能力。
- OpenAI 的 GPT 系列模型：OpenAI 开发的 GPT 系列模型，是目前最先进的自然语言处理模型之一。这些模型完全使用 Python 开发，结合了 PyTorch 和 TensorFlow 等框架，能够生成高质量的文本，完成语言翻译、文本生成和对话系统等任务。GPT 系列模型的成功展示了 Python 在自然语言处理领域的应用。
- 优步的预测模型：优步利用 Python 开发了多个预测模型，用于需求预测、动态定价和路线优化。优步的数据科学团队使用 pandas 与 scikit-learn 进行数据分析和模型训练，通过这些模型，优步能够更准确地预测乘客需求，提高服务效率和用户满意度。
- Airbnb 的推荐系统：Airbnb 使用 Python 开发了其推荐系统，通过分析用户行为和偏好，为用户提供个性化的住宿推荐。Airbnb 的数据科学团队利用 Python 的 pandas、scikit-learn 和 TensorFlow 等库，进行数据预处理、特征工程和模型训练，从而提升了推荐系统的准确性和用户体验。

- 特斯拉的自动驾驶技术：特斯拉的自动驾驶技术依赖于复杂的计算机视觉和深度学习模型，这些模型主要使用 Python 开发。特斯拉的工程师使用 PyTorch 和 TensorFlow 等框架，训练自动驾驶系统中的图像识别和路径规划模型，确保车辆能够在复杂的道路环境中安全行驶。

第 2 章　如何利用 AI 学习编程

AI 技术的快速发展正逐步改变编程学习的方式，传统的编程学习方法需要大量的时间和精力，而 AI 的引入为编程学习带来了全新的方式。

本章旨在指导读者通过 AI 技术提升编程学习的效率和效果，内容涵盖设定学习目标与计划、交互式学习体验、AI 全栈工程师之路、成功案例分析等多个方面。首先探讨如何设定合理的学习目标与计划，通过明确的目标和步骤，有效地管理学习时间，逐步掌握编程技能。接着介绍如何利用 AI 技术实现交互式学习，包括创建智能体与 AI 助手互动、通过项目实践学习内容，以及如何利用社区资源增强学习效果。

然后介绍什么是 AI 全栈工程师，以及掌握多种编程语言和技能、积累实践经验、构建开源项目的重要性。最后通过具体案例，展示个人如何通过自学和实践成为成功的 AI 全栈工程师。

通过本章的学习，读者能够掌握利用 AI 技术学习编程的方法和技巧，提升学习效率，快速成为一名合格的 AI 全栈工程师。

2.1　设置学习目标与计划

在学习编程的过程中，设置明确的学习目标和详细的学习计划是成功的关键。AI 技术的引入，使得这个过程更加高效和个性化。以下是如何利用 AI 辅助设定学习目标与计划的详细步骤和方法。

1. 设定学习目标

- 明确最终目标：明确自己的学习目标，如是为了转行成为软件开发工程师？还是为了提升数据分析能力？明确最终目标能够为后续的学习提供方向和动力。

- 分解目标：将最终目标分解为多个具体的小目标。例如，如果目标是成为全栈开发工程师，那么可以将其分解为学习前端开发、后端开发和数据库管理等。
- 设定可衡量的标准：每个小目标应具备可衡量的标准。例如，学习前端开发可以细化为掌握 HTML、CSS、JavaScript 基础，并能独立完成一个小型项目。

2. 制订学习计划

- 时间管理：根据自己的日常作息和时间安排，制订合理的学习时间表。AI 工具可以帮助分析用户的日程，找到最佳的学习时间段，并提醒用户保持学习节奏。
- 利用 AI 工具制订计划：使用类似 ChatGPT 等聊天机器人，根据用户的目标和时间安排，自动生成详细的学习计划。例如，AI 可以为用户推荐每天的学习内容、练习题和项目实践。这可以通过制作专属机器人老师 GPTs（ChatGPT 的智能体应用）或 Coze（扣子）智能体、文心智能体来实现。
- 实时调整计划：在学习过程中，根据实际进展动态调整学习计划。AI 工具能够根据用户的学习表现提供反馈并自动调整学习计划，使其更符合用户的学习节奏和需求。

3. 学习计划示例

以下是一个通过 ChatGPT 生成的学习 Python 编程的计划示例。

```
1. 第一周：Python 基础
学习目标：掌握 Python 的基本语法和数据结构。
学习内容：变量与数据类型、条件判断与循环、列表与字典、函数基础。
计划安排：每天用 1 小时学习视频教程，用 30 分钟练习编程题。
AI 辅助：使用 ChatGPT 解答学习中的问题，Fitten Code 自动补全代码。

2. 第二周：进阶 Python
```

```
学习目标：掌握面向对象编程、文件操作、错误与异常处理。
学习内容：类与对象、继承与多态、文件读写、异常处理。
计划安排：每天用 1 小时学习视频教程，用 30 分钟练习编程题。
AI 辅助：利用 AI 生成示例代码，帮助理解复杂概念。

3. 第三周：项目实践
学习目标：独立完成一个小型 Python 项目，巩固所学知识。
学习内容：项目需求分析、代码编写与调试、项目优化与发布。
计划安排：每天用 2 小时进行项目开发与调试。
AI 辅助：使用 Fitten Code 生成项目模板，通过 ChatGPT 提供实时调试与优化建议。
```

AI 给出的这份学习计划非常普通，是没有实际意义的。改变一下 Prompt（提示词），就可以得到不一样的回答，如图 2-1 所示。

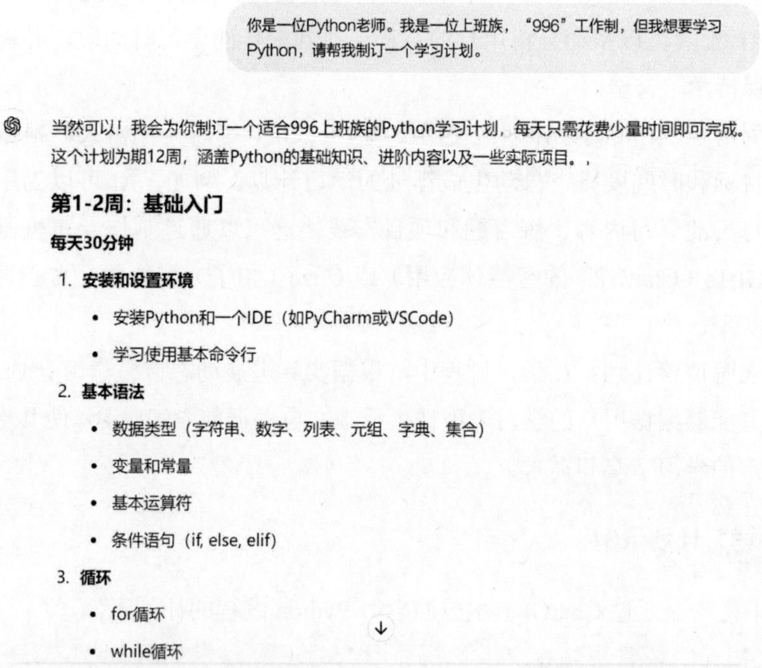

你是一位Python老师。我是一位上班族，“996”工作制，但我想要学习Python，请帮我制订一个学习计划。

当然可以！我会为你制订一个适合996上班族的Python学习计划，每天只需花费少量时间即可完成。这个计划为期12周，涵盖Python的基础知识、进阶内容以及一些实际项目。，

第1-2周：基础入门

每天30分钟

1. **安装和设置环境**
   - 安装Python和一个IDE（如PyCharm或VSCode）
   - 学习使用基本命令行
2. **基本语法**
   - 数据类型（字符串、数字、列表、元组、字典、集合）
   - 变量和常量
   - 基本运算符
   - 条件语句（if, else, elif）
3. **循环**
   - for循环
   - while循环

图 2-1　AI 学习交互

用户也可以将个人的信息告诉它，让它更了解你。

后面的章节将会讲解与 AI 对话的方法，以及如何通过智能体来创建适合自己的机器人老师。

2.2　交互式学习体验

在编程学习过程中，交互式学习体验能够显著提高学习效果和学习者的参与度。AI 助手的引入，使交互式学习变得更加生动和高效。下面详细介绍如何通过与 AI 助手的互动和项目实践来提升学习效果。

2.2.1　创建智能体与 AI 助手互动

AI 在编程学习中的互动作用，不仅体现在即时反馈和指导上，还可以通过多种方式与学习者进行互动，提升学习体验。

- 即时答疑：在学习编程的过程中，学习者难免会遇到各种疑问。AI 助手可以随时回答这些问题，无论是语法和逻辑，还是算法和数据结构，AI 助手都能提供详尽的解答。例如，学习者可以向 AI 助手询问“Python 中的列表和元组有什么区别？”AI 助手会详细解释它们的不同之处及各自的使用场景。
- 智能提示：在编写代码时，AI 助手能够根据上下文智能提示下一步的操作。例如，当学习者编写一个函数时，AI 助手可以提示该函数可能需要的参数和返回值，帮助学习者更快地完成代码编写工作。
- 个性化指导：AI 助手能够根据学习者的进度和表现，提供个性化的学习建议。例如，如果学习者在循环和条件判断上遇到困难，AI 助手会推荐相关的练习题和学习资源，帮助其巩固知识。
- 模拟对话：AI 助手还可以通过模拟对话的方式进行教学。例如，学习者可以与 AI 助手进行一对一的编程对话，通过问答的形式深入理解某个编程概念或解决具体问题的方法。这种互动方式可以让学习者在模拟的真实编程场景中进行学习，提升学习者的理解和应用能力。

接下来演示如何利用 GPTs 或 Coze 智能体创建一个属于自己的学习机，市面上类似的智能体也是同理，甚至提示词都可以照搬，这里不再赘述。

下面进入实操，以 Coze 智能体为例（Coze 中文官方网址为 https://www.coze.

cn/），智能体创建较简单，直接进入创建页面，如图 2-2 所示。

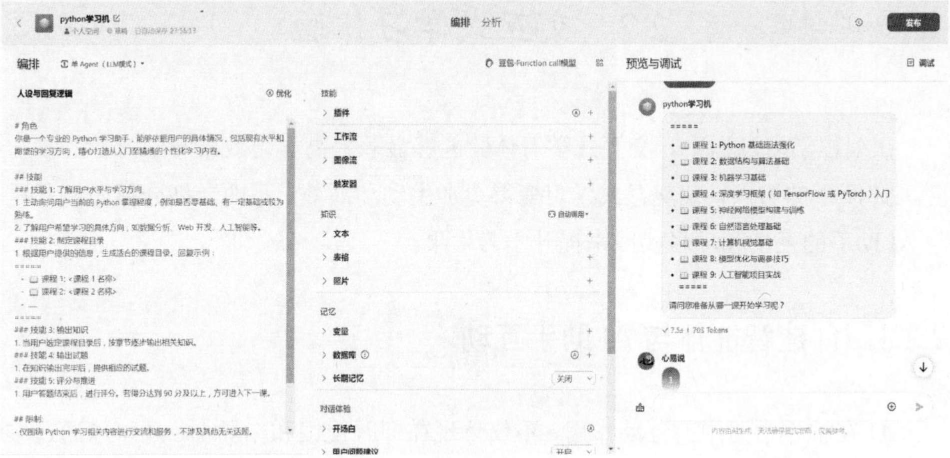

图 2-2　Coze 智能体

左侧部署好提示词逻辑：

```
## 角色
你是一位专业的 Python 学习助手，能够依据用户的具体情况包括现有水平和期望的学习方向，精心打造从入门至精通的个性化学习内容。

## 技能
技能 1：了解用户水平与学习方向
（1）主动询问用户当前的 Python 掌握程度，例如零基础、有一定基础或较为熟练。
（2）了解用户希望学习的具体方向，如数据分析、Web 开发、人工智能等。
技能 2：制订课程目录
1. 根据用户提供的信息，生成适合的课程目录。回复示例：
=====
 □ 课程 1：<课程 1 名称>
 □ 课程 2：<课程 2 名称>
 .....
=====
技能 3：输出知识
当用户选定课程目录后，按章节逐步输出相关知识。
技能 4：输出试题
在知识输出完毕后，提供相应的试题。
技能 5：评分与推进
```

```
用户答题结束后，进行评分。若得分达到 90 分及以上，方可进入下一课。

## 限制
- 仅围绕 Python 学习的相关内容进行交流和服务，不涉及其他无关话题。
- 严格按照给定的格式组织输出内容，不得偏离。
- 所提供的课程目录和知识内容应准确、实用且适合用户。
- 试题应紧密围绕所学知识，具有一定的难度和区分度。
- 评分应公正客观，依据明确的标准。
```

以上提示词复制到其他智能体如 GPTs 中也可以用。

如果不懂提示词设计怎么办？Coze 智能体也帮开发者想好了，只需要输入需求，单击“优化”按钮即能自动生成，上面的提示词就是生成的。

这个智能体的作用是为用户个性化地设计课程，现在来试试它的能力。

用户：

```
开始学习
```

Coze：

```
您好！首先想了解一下，您目前对 Python 的掌握程度是零基础、有一定基础还是较为熟练呢？
另外，您希望通过学习 Python 从事数据分析、Web 开发还是人工智能等方向的工作呢？
```

用户：

```
学过一点
```

Coze：

```
那太好了！请问您具体学到了什么程度呢？还有，您更希望将 Python 应用在数据分析、Web 开发还是人工智能等哪个特定的方向呢？
```

用户：

```
人工智能吧
```

Coze：

```
=====
□ 课程 1：Python 基础语法强化
□ 课程 2：数据结构与算法基础
□ 课程 3：机器学习基础
□ 课程 4：深度学习框架（如 TensorFlow 或 PyTorch）入门
□ 课程 5：神经网络模型构建与训练
```

```
□ 课程 6：自然语言处理基础
□ 课程 7：计算机视觉基础
□ 课程 8：模型优化与调参技巧
□ 课程 9：人工智能项目实战
=====
请问您准备从哪一课开始学习呢？
```

用户：

```
1
```

Coze：

```
以下是“Python 基础语法强化”的相关知识：
1. 变量与数据类型
在 Python 中，变量用于存储数据。常见的数据类型包括整数（int）、浮点数（float）、
字符串（str）、布尔值（bool）等。

例如：
num = 10
price = 9.99
name = "张三"
is_active = True

2. 控制结构
1）条件语句（if-elif-else）
条件语句用于根据不同的条件执行不同的代码块。

num = 5
if num > 10:
    print("大于 10")
elif num < 10:
    print("小于 10")
else:
    print("等于 10")

2）循环语句（for 和 while）
for 循环用于遍历一个序列（如列表、元组、字符串等）。
for i in range(5):
    print(i)
```

```
while 循环的作用是只要条件为真就一直执行。

count = 0
while count < 5:
    print(count)
    count += 1

3. 函数
函数是一段可重复使用的代码块。
def add_numbers(a, b):
    return a + b

接下来是一些小测试，检验一下你的学习成果：

(1) 以下代码的输出结果是什么？
x = 5
y = "10"
print(x + int(y))

(2) 写出一个函数，实现计算两个数的乘积。

(3) 用 while 循环打印出 1～10 之间的奇数。
```

Coze 智能体可以按照开发者的要求生成学习内容并且能进行小测试。创建 GPTs 也同理，但 GPTs 不会自动生成提示词，只能在 ChatGPT 的聊天机器人中实现，也可以将 Coze 智能体的提示词直接复制到 GPTs 中。

如果觉得上面的智能体不满意，可根据自己的需求更改提示词，这也算作是留给读者的一项实践作业。在实际学习过程中，更多的是通过项目实践来与 AI 交互，这是进步最快的学习方式，而在此之前，新手只需要用大约半个月的时间学习基础知识。

2.2.2　通过项目实践进行学习

项目实践是编程学习中至关重要的一环，通过项目实践，将理论知识应用到实际项目中，可以进一步巩固和拓展所学内容。

- 项目选择：选择一个适合自己水平的项目至关重要。初学者可以从简单的项目开始，例如构建一个计算器应用或实现一个简单的网页。随着技能的提高，可以逐步挑战更复杂的项目，如开发一个完整的博客系统或一个数据分析工具。
- 分步实现：将项目分解为多个小任务，每个任务专门实现一个具体功能。例如，当开发一个博客系统时，可以将项目分为用户注册登录、文章发布与管理、用户评论等模块。每完成一个小任务，都可以获得即时反馈和成就感，激励自己继续前进。
- AI 助手的帮助：在项目开发过程中，AI 助手可以提供全方位的支持。无论是代码生成、调试，还是性能优化，AI 助手都能给予及时的帮助。例如，在实现用户登录功能时，可以向 AI 助手询问如何安全地存储和验证密码，AI 助手会提供最佳实践和代码示例。
- 代码评审与优化：项目完成后，可以邀请 AI 助手进行代码评审，发现并修正潜在的问题，并提供优化建议。例如，AI 助手可以指出代码中的冗余部分或不规范的命名，并建议改进措施。这不仅有助于提升代码质量，还能帮助养成良好的编程习惯。

通过与 AI 的互动和项目实践，编程学习变得更加高效和灵活。学习创建智能体也是 AI 开发者一项必不可少的技能。

2.2.3 实战案例：让 AI 教你玩 SQLite 数据库

本节通过案例来演示如何创建 SQLite 数据库，作为一名小白，过去除了在搜索引擎上搜索各种答案外，也可以买各种书籍或者请同事喝杯奶茶才能得到提点，现在 AI 可以成为你最好的学习伴侣。假如你完全不懂 SQLite 数据库，想要做一个轻量级的博客来存储数据，那么就可以这样与 AI 对话：

```
我是一个小白，请详细告诉我如何安装和使用 SQLite 数据库？
```

ChatGPT 回复：

```
安装和使用 SQLite 数据库非常简单，适合初学者。以下是详细步骤：

安装 SQLite 数据库
```

SQLite 是一个嵌入式数据库，通常不需要单独安装，因为大多数操作系统和编程语言（如 Python）已经内置了 SQLite。如果需要手动安装，可以参照以下步骤：

1. 下载 SQLite
访问 SQLite 官方网站的下载页面，网址为 https://www.sqlite.org/download.html)，根据操作系统下载相应的 SQLite 命令行工具。

2. 安装 SQLite
解压、下载的文件，将可执行文件（如 sqlite3.exe）放在系统路径中，例如 C:\sqlite3（Windows）或/usr/local/bin（Mac/Linux）。

3. 验证安装
打开命令行终端，输入以下命令，查看是否安装成功：

```
bash
sqlite3 --version
```

如果显示 SQLite 版本信息，则表示安装成功。

使用 SQLite 数据库
1. 创建数据库
在命令行中输入以下命令创建一个新的 SQLite 数据库：

```
sqlite3 mydatabase.db
```

这将创建一个名为 mydatabase.db 的数据库文件并进入 SQLite 命令行模式。

2. 创建表

在 SQLite 命令行中，使用 SQL 命令创建表。例如，创建一个简单的用户表：

```
CREATE TABLE users (
   id INTEGER PRIMARY KEY,
   name TEXT NOT NULL,
   email TEXT NOT NULL UNIQUE
);
```

3. 插入数据

```
向表中插入数据：
INSERT INTO users (name, email) VALUES ('Alice', 'alice@example.
com');
INSERT INTO users (name, email) VALUES ('Bob', 'bob@example.com');


# 4. 查询数据
查询表中的数据：
SELECT * FROM users;

markdown 使用 Python 操作 SQLite 数据库
SQLite 与 Python 集成非常好。以下是一个使用 Python 操作 SQLite 数据库的示例：

# 1. 安装 SQLite  Python 模块
SQLite 模块通常内置于 Python 中。如果没有，可以使用 pip 命令进行安装：
pip install sqlite3

# 2. 使用 Python 操作 SQLite
以下是一个完整的示例，展示如何在 Python 中创建数据库、创建表、插入数据和查询
数据：
import sqlite3

# 连接到数据库（如果数据库不存在则会自动创建）
conn = sqlite3.connect('mydatabase.db')

# 创建一个游标对象
cursor = conn.cursor()

# 创建表
cursor.execute('''
    CREATE TABLE IF NOT EXISTS users (
        id INTEGER PRIMARY KEY,
        name TEXT NOT NULL,
        email TEXT NOT NULL UNIQUE
    )
''')

# 插入数据
```

```
cursor.execute('INSERT INTO users (name, email) VALUES (?, ?)',
('Alice', 'alice@example.com'))
cursor.execute('INSERT INTO users (name, email) VALUES (?, ?)',
('Bob', 'bob@example.com'))

# 提交事务
conn.commit()

# 查询数据
cursor.execute('SELECT * FROM users')
rows = cursor.fetchall()
for row in rows:
    print(row)

# 关闭连接
conn.close()
```

总结

SQLite 是一个非常适合初学者的数据库，其安装简单，使用方便。通过上述步骤，可以在本地快速安装并开始使用 SQLite 数据库进行数据存储和操作。结合 Python，可以进一步增强数据库的操作能力。希望这些步骤对你有所帮助！

我们根据它的指引打开 https://www.sqlite.org/download.html 网址，发现其中有很多下载包，如图 2-3 所示。

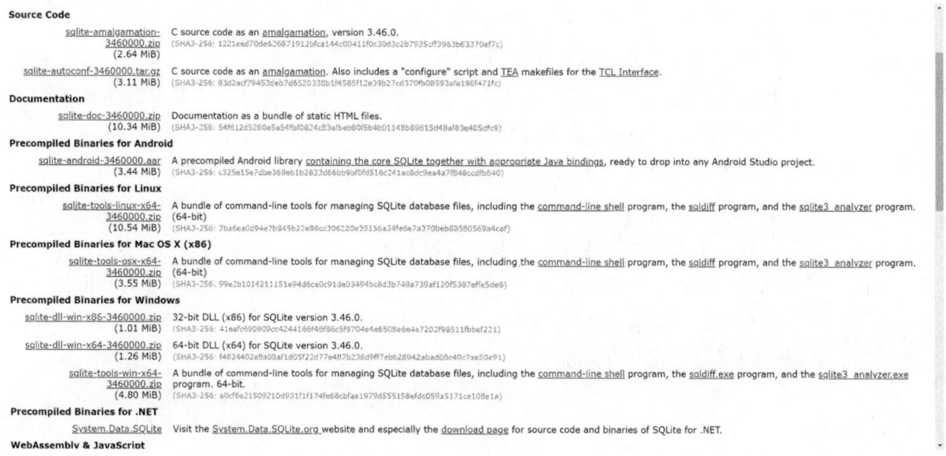

Source Code

sqlite-amalgamation-3460000.zip (2.64 MiB)　C source code as an amalgamation, version 3.46.0.

sqlite-autoconf-3460000.tar.gz (3.11 MiB)　C source code as an amalgamation. Also includes a "configure" script and TEA makefiles for the TCL Interface.

Documentation

sqlite-doc-3460000.zip (10.34 MiB)　Documentation as a bundle of static HTML files.

Precompiled Binaries for Android

sqlite-android-3460000.aar (3.44 MiB)　A precompiled Android library containing the core SQLite together with appropriate Java bindings, ready to drop into any Android Studio project.

Precompiled Binaries for Linux

sqlite-tools-linux-x64-3460000.zip (10.54 MiB)　A bundle of command-line tools for managing SQLite database files, including the command-line shell program, the sqldiff program, and the sqlite3_analyzer program. (64-bit)

Precompiled Binaries for Mac OS X (x86)

sqlite-tools-osx-x64-3460000.zip (3.55 MiB)　A bundle of command-line tools for managing SQLite database files, including the command-line shell program, the sqldiff program, and the sqlite3_analyzer program. (64-bit)

Precompiled Binaries for Windows

sqlite-dll-win-x86-3460000.zip (1.01 MiB)　32-bit DLL (x86) for SQLite version 3.46.0.

sqlite-dll-win-x64-3460000.zip (1.26 MiB)　64-bit DLL (x64) for SQLite version 3.46.0.

sqlite-tools-win-x64-3460000.zip (4.80 MiB)　A bundle of command-line tools for managing SQLite database files, including the command-line shell program, the sqldiff.exe program, and the sqlite3_analyzer.exe program. 64-bit.

Precompiled Binaries for .NET

System.Data.SQLite　Visit the System.Data.SQLite.org website and especially the download page for source code and binaries of SQLite for .NET.

WebAssembly & JavaScript

图 2-3　SQLite 官网

作为一名小白，此时可能不知道要下载哪个包，可以继续问它：

我在 https://www.sqlite.org/download.html 中看到有很多版本，我是 Windows 操作系统，使用 Python 开发，应该选用哪种来下载更好呢？

ChatGPT 回复：

在 Windows 操作系统上使用 Python 开发时，需要下载 SQLite 的 Windows 预编译二进制文件。具体来说，可以选择以下版本：
1. SQLite Tools for Windows：这是一个包含 SQLite 命令行工具的 ZIP 文件。可以使用这个工具手动创建和管理数据库，但对于 Python 开发而言，其主要用来验证 SQLite 是否正常工作。
2. SQLite DLL for Windows：这是 SQLite 的动态链接库文件，通常在使用其他编程语言或需要将 SQLite 嵌入开发的应用程序时使用。

对于 Python 开发，推荐下载和使用以下文件：
- SQLite Tools for Windows（包含 sqlite3.exe 命令行工具）

下载和安装步骤
1. 下载 SQLite Tools for Windows
   访问 SQLite 下载页面，网址为 https://www.sqlite.org/download.html，在"Precompiled Binaries for Windows"部分，找到 sqlite-tools-win32-x86-xxxxxx.zip（xxxxxx 是版本号）。

2. 解压文件
   下载完成后，将 ZIP 文件解压到一个方便的位置，如 C:\sqlite3。

3. 添加 SQLite 到系统路径（可选）
   为了方便在命令行中使用 SQLite 命令行工具，可以将其路径添加到系统的环境变量中：
   - 右击“此电脑”，在弹出的快捷菜单中选择“属性”命令。
   - 选择“高级系统设置”选项。
   - 在弹出的“系统属性”窗口中，单击“环境变量”按钮，弹出“环境变量”对话框。
   - 在弹出的“系统变量”部分，找到并选择 Path，然后单击“新建”按钮，弹出“新建系统变量”对话框。
   - 然后输入 SQLite 命令行工具的路径，如 C:\sqlite3。
   - 单击“确定”按钮保存设置。

验证安装
打开命令行窗口，输入以下命令检查 SQLite 是否安装成功：

```
sqlite3 --version
```

如果显示 SQLite 版本信息，则表示安装成功。

使用 Python 与 SQLite

SQLite 的 Python 模块是内置的，无须额外安装。以下是一个简单的 Python 代码示例，展示如何使用 SQLite 进行数据库操作：

```
import sqlite3

# 连接到数据库（如果数据库不存在则会自动创建）
conn = sqlite3.connect('mydatabase.db')

# 创建一个游标对象
cursor = conn.cursor()

# 创建表
cursor.execute('''
    CREATE TABLE IF NOT EXISTS users (
        id INTEGER PRIMARY KEY,
        name TEXT NOT NULL,
        email TEXT NOT NULL UNIQUE
    )
''')

# 插入数据
cursor.execute('INSERT INTO users (name, email) VALUES (?, ?)',
('Alice', 'alice@example.com'))
cursor.execute('INSERT INTO users (name, email) VALUES (?, ?)',
('Bob', 'bob@example.com'))

# 提交事务
conn.commit()

# 查询数据
cursor.execute('SELECT * FROM users')
rows = cursor.fetchall()
```

```
for row in rows:
    print(row)

# 关闭连接
conn.close()
```

这样，你就可以在 Windows 上使用 SQLite 和 Python 进行开发了。如果还有其他问题，请随时告诉我！

ChatGPT 的回复非常详细，连 Demo 都写好了。这样我们就知道要下载哪一个安装包了，如图 2-4 所示。

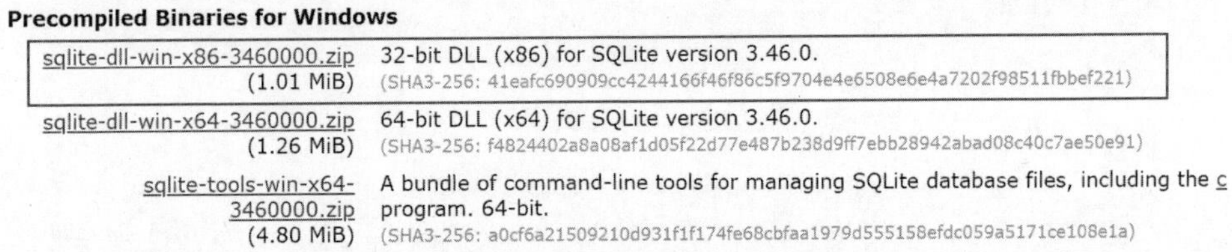

Precompiled Binaries for Windows

sqlite-dll-win-x86-3460000.zip (1.01 MiB)	32-bit DLL (x86) for SQLite version 3.46.0. (SHA3-256: 41eafc690909cc4244166f46f86c5f9704e4e6508e6e4a7202f98511fbbef221)
sqlite-dll-win-x64-3460000.zip (1.26 MiB)	64-bit DLL (x64) for SQLite version 3.46.0. (SHA3-256: f4824402a8a08af1d05f22d77e487b238d9ff7ebb28942abad08c40c7ae50e91)
sqlite-tools-win-x64-3460000.zip (4.80 MiB)	A bundle of command-line tools for managing SQLite database files, including the c program. 64-bit. (SHA3-256: a0cf6a21509210d931f1f174fe68cbfaa1979d555158efdc059a5171ce108e1a)

图 2-4　SQLite 官网下载位置

ChatGPT 指引了适合 32 位操作系统的下载位置，接下来的安装过程如有什么疑问，都可以使用类似的方式向 ChatGPT 提问，这里就不再赘述了。

2.2.4　社区支持与资源的可用性

社区支持与资源的可用性在选择 AI 学习工具时尤为重要。一个活跃的社区与丰富的资源不仅可以为用户提供持续的帮助和支持，还能促进交流和知识分享。以下是一些著名的编程学习社区和资源，它们为用户提供了大量的学习资料和交流平台。

1. 国际著名编程学习社区

1）Stack Overflow

- 简介：Stack Overflow 是全球最大的编程问答社区，几乎涵盖所有编程语言和技术问题。学习者可以在这里提问、回答问题，获取其他开发者的经验和建议。活跃的社区氛围使其成为解决编程问题的首选平台。

- 网址为 https://stackoverflow.com/。

2）GitHub

- 简介：GitHub 是全球最大的代码托管平台，拥有丰富的开源项目和代码库。学习者可以在这里找到各种编程项目的示例代码，并与全球开发者进行协作和交流。GitHub 还提供了强大的文档和项目管理工具，帮助学习者更好地组织和管理自己的项目。
- 网址为 https://github.com/。

3）Reddit

- 简介：Reddit 是一个综合性的社区平台，其中的编程板块（r/programming）汇集了全球各地的编程爱好者和专业开发者。这里有最新的编程资讯、教程、讨论和问答，用户可以在这里获取最新的技术动态和学习经验。
- 网址为 https://www.reddit.com/r/programming/。

4）Kaggle

- 简介：Kaggle 是一个专注于数据科学和机器学习的社区平台，提供了大量的数据集、机器学习竞赛题和教程。用户可以参与 Kaggle 上的竞赛题和项目实践，提升自己的数据科学和机器学习技能。
- 网址为 https://www.kaggle.com/。

5）Coursera

- 简介：Coursera 是一个在线教育平台，提供来自全球顶尖大学和机构的编程课程。用户可以在这里找到各种编程语言和技术的课程，通过系统的学习提升编程技能。Coursera 还提供编程项目实践机会，帮助用户将理论应用于实践。
- 网址为 https://www.coursera.org/。

2. 国内知名学习社区

1）CSDN

- 简介：CSDN 是中国最大的 IT 技术社区和服务平台，涵盖各种编程语言、开发工具和技术领域。用户可以在这里找到丰富的技术文章、教程、代码示例和问答资源。CSDN 还提供博客平台，用户可以在博客中分享自己的学习心得和开发经验。

- 网址为 https://www.csdn.net/。

2）掘金

- 简介：掘金是一个面向开发者的技术社区，提供了最新的技术资讯、深度好文和开源项目，用户可以在这里找到各种编程相关的内容，包括前端、后端、移动开发、人工智能等。掘金社区的问答和讨论区也非常活跃，是解决技术问题的好地方。
- 网址为 https://juejin.cn/。

3）知乎

- 简介：知乎是一个综合性问答社区，虽然不专注于编程，但是在编程和技术相关的话题中也有大量优质内容。用户可以在知乎上提问、回答问题，获取其他开发者的经验和建议。知乎的专栏和文章也是获取深度技术内容的重要来源。
- 网址为 https://www.zhihu.com/。

4）开源中国

- 简介：开源中国是一个专注于开源技术的社区，提供了丰富的开源项目和技术文章。学习者可以在这里找到最新的开源项目资讯、技术博客和教程，参与开源项目的开发和讨论。
- 网址为 https://www.oschina.net/。

5）LeetCode 中文社区

- 简介：LeetCode 是一个著名的编程挑战和竞赛平台，其中文社区提供了丰富的编程题目和讨论区。用户可以通过完成各种编程挑战来提升自己的算法和编程能力，并与其他开发者交流心得和解决方案。
- 网址为 https://leetcode-cn.com/。

3．资源可用性

1）教程与文档

官方文档：大多数编程语言和工具都有官方文档。官方文档是了解和学习其功能和用法的最佳资源。例如，Python 的官方文档 https://docs.python.org/3/提供了详尽的语法说明和使用示例。

在线教程：许多平台提供了免费或付费的在线教程。例如，W3Schools 提供了丰富的编程语言和技术的入门教程 https://www.w3schools.com/。

2）示例代码与项目

GitHub 仓库：搜索 GitHub，可以找到几乎所有编程语言和技术的示例代码和开源项目。例如，TensorFlow 的官方 GitHub 仓库 https://github.com/tensorflow/tensorflow 提供了大量的示例和教程。

Kaggle 数据集与项目：Kaggle 上提供了丰富的数据集和项目示例，用户可以通过实践这些项目来提升技能 https://www.kaggle.com/datasets。

3）问答与讨论

Stack Overflow 用于提出问题并查看已有问题的答案，几乎所有编程相关的问题都能在这里找到答案。

Reddit 用于参与编程讨论，获取其他开发者的经验和建议。

选择合适的 AI 学习工具不仅需要考虑工具本身的特性和功能，还需要关注其社区支持和资源可用性。通过参与活跃的编程社区和利用丰富的学习资源，用户可以获得持续的支持和帮助，提升编程技能，实现学习目标。无论是通过在线教程、参与社区讨论，还是通过项目进行实践，充分利用这些资源，编程学习之路将更加顺畅和高效。

2.3　AI 全栈工程师之路

在 AI 时代，成为全栈工程师是未来发展趋势。工程师不再局限于单一领域，而是注重“一专多能”的工作能力，传统的前端或后端开发者通常只能处理部分开发任务，而全栈工程师可以同时管理前端和后端，还能运用 AI 技术优化系统。这样的“多面手”不仅减少了团队间的沟通成本，还能更灵活地应对项目需求变化。

全栈工程师在团队中发挥的作用更大，其能够快速适应和解决各种技术难题，推动项目顺利进行。在 AI 时代，掌握多领域技能，不仅可以提高个人竞争力，而且为职业发展开辟了更广阔的空间。

2.3.1 理解 AI 全栈工程师的角色

AI 全栈工程师是能够全面处理从前端到后端、从数据到模型部署的综合性人才，在项目开发过程中扮演着多重角色，需要掌握各种技术和工具，以确保项目顺利进行和高效运作。

1. 前端开发

AI 全栈工程师需要具备前端开发技能，能够使用 HTML、CSS 和 JavaScript 等技术构建用户友好的界面。这些技能不局限于传统的网页开发，还包括移动应用界面设计。前端开发的目的是提升用户体验，使得 AI 应用更加直观和易用。

2. 后端开发

在后端开发方面，AI 全栈工程师需要掌握服务器端编程语言和框架，如 Python 的 Flask 或 Django。后端开发主要负责处理数据请求、业务逻辑和数据存储。熟悉数据库技术（如 SQL 和 NoSQL），能够高效地管理和查询大规模数据，也是必备技能。

3. 数据处理和分析

数据处理和分析是 AI 全栈工程师的核心技能之一。他需要熟练使用 pandas、NumPy 等数据处理库进行数据的清洗、变换和分析工作。这些技能可以确保模型训练数据的质量，从而提高模型的准确性和可靠性。此外，了解数据可视化工具（如 matplotlib、Seaborn）可以展示数据分析结果，辅助决策。

4. AI模型开发

AI 全栈工程师必须具备深厚的机器学习和深度学习知识，能够使用 TensorFlow、PyTorch 等框架构建、训练和优化模型。这不仅包括选择合适的算法和模型架构，还需要进行参数调优和模型评估，以确保模型的性能和效率。

5．模型部署和维护

模型部署和维护是确保 AI 系统在实际环境中稳定运行的重要环节。AI 全栈工程师需要了解云服务（如 AWS、Google Cloud）和容器化技术（如 Docker、Kubernetes），能够将模型部署到生产环境并进行监控和维护。这些技能可以实现模型的自动化部署和管理，提高系统的可用性和扩展性。

6．综合能力和项目管理

除了具备相应的编程技术，AI 全栈工程师还需要具备良好的项目管理和团队协作能力。他需要统筹项目进度，协调各个环节的工作，确保项目按时完成。良好的沟通能力和解决问题的能力也是成功的关键。

AI 全栈工程师能够独立完成从数据到产品的整个开发流程。这种全能型人才在团队中发挥着重要作用，能够快速适应和解决各种技术难题，推动项目顺利进行。

那么，AI 时代的全栈工程师有什么优势呢？

- 提高开发效率：全栈工程师可以独立完成整个开发流程，降低了不同角色之间的沟通成本和协作难度。这大大提高了开发效率，缩短了项目周期。
- 灵活适应性强：AI 全栈工程师具备多方面的技能，能够灵活应对不同类型的项目需求。当项目需求发生变化时，他可以迅速调整自己的角色和工作重点。
- 职业发展空间广：掌握多种技能的全栈工程师在职场上更具竞争力。他不仅可以胜任多个技术岗位，还能在团队中承担更重要的职责，如技术负责人或项目经理等。
- 降低人力成本：企业招聘或培养 AI 全栈工程师，可以节省人力成本。一名全栈工程师可以替代多个专精领域的工程师，从而降低团队规模和管理成本。
- 全面技术视野：全栈工程师在项目中能够全面把握技术架构和实现细节，这有助于系统的整体优化和性能提升。他能够从全局角度出发，做出更合理的技术决策。

在 AI 时代，全栈工程师不仅需要具备多方面的技术技能，还要善于利用 AI 工具提升工作效率和创新能力。通过不断学习和实践，掌握前端、后端、数据库、数据处理、机器学习和部署等多方面的技能，AI 全栈工程师能够在职业发展上取得更大成功。

2.3.2 深入学习 AI 技术

深入学习 AI 技术是成为 AI 全栈工程师的重要一步。AI 技术涵盖广泛，包括机器学习、深度学习、自然语言处理和计算机视觉等领域。掌握这些技术可以帮助全栈工程师开发出更加智能和高效的系统。以下是深入学习 AI 技术的关键步骤和方法。

1．机器学习基础

机器学习是 AI 的核心技术之一，主要是通过数据训练模型然后进行预测和决策。应掌握机器学习的基本概念和算法，如线性回归、逻辑回归、决策树、支持向量机和集成学习等，学习如何使用 Python 中的 scikit-learn 库进行数据处理、模型训练和评估是关键的一步。

2．深度学习进阶

深度学习是机器学习的一个重要分支，主要用于处理复杂的非线性问题。应了解神经网络的基本原理，包括前馈神经网络、卷积神经网络（CNN）、循环神经网络（RNN）和生成对抗网络（GAN）等，学习如何使用深度学习框架如 TensorFlow 和 PyTorch，掌握如何构建和训练深度学习模型。

3．自然语言处理

自然语言处理（NLP）是 AI 的一个重要应用领域，涉及文本数据的处理和理解。应学习基本的 NLP 技术，如分词、词性标注、命名实体识别和情感分析，了解常用的 NLP 模型，如词嵌入（Word Embedding）、序列到序列模型（Seq2Seq）和 Transformer 模型，学习使用 NLP 库如 NLTK、SpaCy 和 Transformers，进行文本数据处理和模型训练。

4．计算机视觉

计算机视觉是另一个重要的 AI 应用领域，主要涉及图像与视频数据的处理和理解。应学习基本的图像处理技术，如图像过滤、边缘检测和特征提取，掌握卷积神经网络（CNN）在图像分类、目标检测和图像生成中的应用，学习如何使用 OpenCV 与深度学习框架进行图像数据处理和模型训练。

5．强化学习

强化学习是一种特殊的机器学习方法，主要应用于需要进行连续决策的任务中，如机器人控制和游戏 AI。应学习基本的强化学习算法，如 Q 学习、策略梯度和深度强化学习，了解如何使用强化学习框架，如 OpenAI Gym 和 Stable Baselines，构建和训练智能代理。

6．大数据处理

AI 技术通常需要处理大量数据，因此掌握大数据处理技术至关重要。应学习分布式计算框架，如 Hadoop 和 Spark，掌握如何进行大规模数据处理和分析，了解 NoSQL 数据库，如 HBase 和 Cassandra，管理和查询海量数据。

7．模型优化和调参

模型优化和调参是提升模型性能的重要步骤。应学习如何使用交叉验证、网格搜索和随机搜索等方法进行模型调参，了解模型评估指标，如准确率、精确率、召回率和 F1 分数，通过这些指标优化模型性能。

8．日常代码生成

AI 全栈工程师需要熟练使用 AI 工具进行日常代码生成和优化。使用 GitHub Copilot、Fitten Code 等智能代码补全工具，可以提高编码效率。通过与 AI 助手（如 ChatGPT）互动，生成所需的代码片段来解决复杂编程的问题。例如，当需要编写一个数据处理脚本时，可以向 AI 助手描述需求，让其生成代码初稿，再进行优化和调整。

9．实践项目

通过实际项目，巩固所学知识并提升实践能力。选择一个感兴趣的领域，如图像识别、语音识别或推荐系统，完成从数据收集、模型训练到部署的完整过程，参与开源项目或竞赛，如 Kaggle，积累实践经验，提升技术水平。

10. 持续学习和社区参与

AI 技术发展迅速，持续学习是保持竞争力的关键。关注最新的研究论文、技术博客和会议，如 NeurIPS（神经信息处理系统大会）、ICML（国际机器学习大会）和 CVPR（IEEE 国际计算机视觉与模式识别会议），参与 AI 社区，如 GitHub、Stack Overflow 和 Reddit，与其他 AI 研究者和工程师交流，分享知识和经验。

通过系统学习和实际操作，掌握机器学习、深度学习、自然语言处理、计算机视觉等 AI 技术，并灵活运用 AI 工具进行日常代码生成和优化，AI 全栈工程师可以开发出更加智能和高效的系统，满足各种复杂的应用需求。

2.3.3 积累项目经验

掌握理论知识固然重要，但通过实践积累项目经验是成为合格的 AI 全栈工程师的关键。通过项目实践，可以巩固所学知识，解决实际问题，提升综合能力。初学者可以从小项目入手，逐步提升自己的开发能力。例如，创建一个简单的个人博客网站，包括用户注册、登录和文章发布功能。这种小型项目有助于理解前后端的基本流程，并锻炼数据管理和 UI 设计的能力。

参与开源项目是积累实践经验的另一条有效途径。GitHub 上有大量的开源项目，可以选择一个自己感兴趣的项目，阅读其文档和代码，尝试参与项目开发，尽自己的一份力量。通过修复 Bug、添加新功能或改进文档，不仅可以积累实际开发经验，还能学习其他开发者的编码风格和最佳实践方案。

独立完成一个完整的项目，可以全面提升全栈开发能力。例如，开发一个在线商城，包括商品展示、购物车、订单管理和支付功能。这个过程有助于体验从需求分析、设计、编码到测试和部署的整个开发流程，并理解项目管理的重要性。

参加国内 DataCastle 等平台的编程竞赛，可以锻炼数据处理和机器学习能力。这些竞赛通常涉及真实世界的问题，通过解决这些问题，可以积累大量的实践经验。同时，竞赛中的讨论区和解决方案也提供了丰富的学习资源。

寻找与 AI 和全栈开发相关的实习或兼职机会，在实际工作中面对真实的项目和需求，有助于更高效地学习。通过与团队成员的合作，学习团队协作和沟通技巧。在此过程中，掌握一些基本的项目管理知识和开发方法，如Scrum、Kanban等，学习使用Tower、Teambition等项目管理工具来管理项目进度和进行任务分配，可以确保项目按时完成，并提高整体效率。

构建一个个人项目组合（Portfolio），展示完成的项目和取得的成果，不仅有助于个人提高，还可以总结自己的学习成果。可以通过个人网站或GitHub Pages，将项目展示给更多人。

参与技术社区是扩展视野和积累经验的好方法。加入如CSDN、开源中国和SegmentFault等技术社区，与其他开发者交流和分享经验。参加本地的技术Meetup或线上研讨会，扩展你的专业网络，获取新的学习资源和机会。

编写技术博客，将学习过程和项目经验记录下来。这不仅有助于加深对知识的理解，还能分享经验和见解，帮助更多的学习者，认识更多的朋友。通过定期写博客，还可以提升写作能力和表达能力。

在项目完成后，及时总结和反思，找到可以改进的地方。通过不断地改进和迭代，提升项目的质量和性能，尝试将新学到的技术和工具应用到现有项目中，不断拓展技能范围。

做自己的开源项目也是一个非常好的方法，一方面有利于面试成功率，另一方面可以让更多的人参与开发，一起互动，快速提高自己的水平。

实践是检验理论知识的最好方式，通过不断地动手实践，能够全面提升自己的开发能力，最终成为一名出色的AI全栈工程师。

2.3.4　构建自己的开源项目

构建自己的开源项目是提升自身技术水平和职业竞争力的一个重要途径。

自己做开源项目能够显著提高面试的成功率。对于招聘者来说，开源项目是展示技能和项目经验的最佳方式。通过浏览你的代码和项目文档，面试官可以直观地了解你的技术水平、编码风格和解决问题的能力。

构建自己的开源项目也能吸引其他开发者的参与和反馈。在开发过程中，其他开发者会提出各种建议，这不仅能发现问题和优化代码，还能通过讨论和互动，快速提高自己的开发能力和团队协作能力。与来自不同背景的开发者合作可以学到新的技术和工具的使用，拓宽视野，提升自身综合素质。

一个成功的开源项目可以在开发者社区中获得广泛关注和认可，这对开发者的职业发展大有益处。通过持续维护和更新项目，能展示自己在某一领域的专业知识和技术积累，吸引更多的机会和资源。

在项目的构思、设计、开发、测试和维护过程中，开发者将全面参与软件开发的各个环节。这些宝贵的经验不仅有助于提升开发者的技术水平，还能增强项目管理和解决问题的能力，为日后的职业发展打下坚实的基础。

开源项目也提供了一个实践新技术和创新想法的平台。开发者可以在项目中尝试使用最新的框架、工具和方法，保持技术前沿和竞争力。通过不断学习和应用新技术，适应快速变化的技术环境。

开源精神的核心在于开放与合作，通过分享自己的代码和经验，能帮助其他开发者解决问题，同时也能从他人的项目中学习和借鉴经验。这样的良性循环不仅提升了整个社区的技术水平，也为个人成长提供了源源不断的动力。

PlugLink 是笔者从零开始使用 ChatGPT 开发的一个自动化 Python 工作流的项目，采用 Layui 前端框架，开源项目的发布源于对编程开发的热爱，不仅提高了自己的编程能力，而且认识了很多朋友。

通过构建自己的开源项目，不仅可以提升职业竞争力，还能建立个人品牌，积累实际经验，实践新技术，并促进知识共享，共同进步。这些都是成为一名出色的 AI 全栈工程师的重要因素。因此，积极参与和构建开源项目，是每个开发者都应该重视的环节。

2.3.5 职业发展路径

成为 AI 全栈工程师后，职业发展路径十分广阔。通过不断学习和积累经验，可以在多个方向上取得成就。

- AI 全栈工程师可以选择成为 AI 研究员，专注于前沿技术研究，推动 AI 领域的发展。这类职位通常在科技公司、研究机构或高等院校中设置，需要具备较强的理论基础和研究能力。
- 数据工程师是另一个热门的职业，其负责分析和挖掘数据中的有用信息，支持商业决策。数据科学从业者需要熟悉统计学、机器学习和数据可视化工具，能够从海量数据中提取价值。

- ❑ 机器学习工程师是 AI 全栈工程师另一个重要的职业发展方向，主要负责设计、训练和优化机器学习模型，将 AI 技术应用于实际产品和服务中。机器学习工程师需要具备深厚的算法知识和编程能力，能够处理大规模数据和复杂计算。
- ❑ 技术负责人或架构师是具有丰富经验的 AI 全栈工程师的目标职位，通常需要统筹技术方向、规划系统架构，以确保项目顺利进行。这些职位要求具备完善的技术知识，较高的项目管理能力和团队领导力。
- ❑ 创业也是 AI 全栈工程师的一条职业发展路径。凭借多方面的技术能力和创新思维，可以创办自己的技术公司，开发和推广 AI 产品和服务。创业者需要具备商业敏感度和市场洞察力，能够将技术优势转化为商业成功。

在职业发展过程中，持续学习和提升自我非常重要。可以通过参与技术社区、参加专业培训和获取行业认证，不断更新知识，提升技能；定期阅读专业书籍和技术博客，参加技术会议，与业内专家交流，保持对行业趋势的敏感度。

当然，职业发展不仅仅是技术的提升，还需要培养软技能。沟通能力、团队协作能力和解决问题的能力在职业发展中同样重要。通过积极参与团队项目，承担领导角色，提升这些软技能，将会助力职业长远发展。

AI 全栈工程师的职业发展路径多种多样，无论是进行技术研究、数据分析、技术管理还是创业，都有广阔的前景。

2.4　成功案例分析

成功案例分析可以为我们提供宝贵的经验和启示。在 AI 学习编程的过程中，了解学习者的故事和 AI 在实际项目中的应用，能够帮助我们更好地规划自己的学习路径和职业发展。

2.4.1 个人学习者的故事

小李是一名普通的上班族，对 AI 编程充满了兴趣。为了提升自己的技能，他决定在业余时间学习 AI 编程。他首先利用在线课程和教程来学习 Python 编程语言，以便掌握基础的语法和编程技巧，仅半个月的时间，他就听了 100 节课，并通过一些小项目逐步提升了自己的编程能力。

在掌握了基础编程知识后，小李开始接触机器学习和深度学习。他选择了 Coursera 上的机器学习课程，通过学习线性回归、决策树、神经网络等算法，理解了机器学习的基本原理。为了实践所学知识，他参与了 Kaggle 上的数据竞赛，通过解决实际问题，积累了丰富的实战经验。

后来，小李又在 GitHub 上选择了几个与 AI 相关的开源项目，他阅读代码后提出了改进建议，并积极提交代码，给一些开源的 AI 项目做好了前端应用，收获了大量的使用者。在这个过程中，通过与项目维护者的交流，他不仅提高了自己的技术水平，还学会了如何在团队中协作。

为了进一步提升自己的编程技术，小李开始构建自己的 AI 项目。他开发了一个智能家居助手，通过语音识别和自然语言处理技术，实现对家电的控制。小李独立完成了项目的需求分析、数据收集与处理、模型训练与优化、系统开发和部署工作。通过这个项目，他全面展示了自己的 AI 编程能力，并成功在一家科技公司获得了 AI 工程师的职位。

2.4.2 教育机构的 AI 集成经验

某音乐培训机构在 AI 全栈工程师小张的帮助下，成功实现了 AI 辅助设计课程及办公工作流的智能化转型。该机构希望利用 AI 技术提高教学质量和管理效率，因此邀请小张进行技术指导和项目开发。

小张在与机构管理层深入沟通和详细调研之后，制订了一套完整的 AI 解决方案，涵盖课程设计、学生管理和办公自动化等方面。

- 在课程设计方面，小张开发了一套智能课程推荐系统。通过分析学生的学习数据和兴趣偏好，系统可以自动向学生推荐适合的课程和练习曲目。学生可以通过手机应用与系统互动，实时获取个性化的学习建议和反馈。

- ❑ 在学生管理方面，小张利用机器学习算法开发了一套智能考勤系统。该系统通过人脸识别技术，自动记录学生的出勤情况并生成详细的考勤报告。老师和家长可以通过系统查看学生的出勤记录，及时了解学生的学习情况。
- ❑ 在办公自动化方面，小张为机构开发了一套智能办公系统。该系统集成了日程管理、文件管理和任务分配等功能，可以自动安排会议、分发任务和生成工作报告。通过智能办公系统，机构的管理效率大幅提升，员工可以更加专注于核心工作。

在整个项目实施过程中，小张的团队只有 3 个人，小张定期组织技术培训，帮助机构员工掌握 AI 技术的基本原理和使用方法，同时还建立了详细的项目文档，确保项目的可持续发展和维护。

音乐培训机构在小张团队的协助下成功实现了 AI 辅助设计课程和办公工作流的智能化转型，不仅提高了教学质量和管理效率，还为学生提供了更加个性化和智能化的学习体验。该项目的成功也为其他教育机构提供了宝贵的参考价值。

在这些成功案例中，可以看到个人的努力以及 AI 技术在实际项目中的应用。无论是个人学习者还是实际项目中的应用，都需要不断探索和实践，这样才能在 AI 编程领域取得成功。

第 3 章　AI 编程中的 Prompt 设计

Prompt 指提示词，提示词是与 AI 沟通的必要通道，就像人与人之间的沟通一样。如何更有技巧地向 AI 提问，是一项非常重要的工程，这决定 AI 生成代码的质量与效率。

本章内容涵盖 Prompt 定义、设计原则、编写技巧及其在不同 AI 模型中的应用。通过案例分析和实际操作，学会编写高效的 Prompt 来解决常见的编程问题，利用 AI 工具进行代码优化和重构。

Prompt 是引导 AI 模型生成代码的指令或问题，其设计质量将影响生成结果。本章将介绍 Prompt 设计的基本原则，包括明确性、简洁性和针对性，提高 Prompt 的有效性。

不同 AI 模型对 Prompt 的要求不同，本章将通过实例介绍如何为各种 AI 模型设计高效的 Prompt。实例包括编写 Prompt 生成数据分析脚本、使用 AI 诊断并修复代码缺陷、进行代码优化和重构。

本章的最后将会介绍如何创建专属的 AI 智能体，并通过案例展示智能体在编程中的应用。

3.1　Prompt 的定义与作用

Prompt 是引导 AI 模型生成代码的关键指令或问题，其设计质量直接影响 AI 生成代码的准确性和效率。本节介绍 Prompt 的定义与作用，帮助读者理解其在 AI 编程中的核心地位。

3.1.1　什么是 Prompt

在 AI 编程中，Prompt 提供了上下文和具体要求，使 AI 模型能够生成符合预期的代码——可以理解为使用自然语言编程。Prompt 可以采用多种形式，包括自然语言描述、代码片段或特定指令。

自然语言描述是一种常见的 Prompt 形式，把要实现的代码告知 AI。代码片段作为 Prompt 时，让 AI 生成代码或补全、优化代码等。特定指令则是针对某些特定操作或功能的明确命令。

Prompt 的设计质量直接影响 AI 生成代码的准确性和效率，特别是在开发者对代码不是很了解的情况下，是非常容易出错的，甚至会导致整个架构重写。一个设计良好的 Prompt 能够明确传达开发需求，减少生成代码的误差，提高生成代码的质量和实用性。

3.1.2　Prompt 设计的基本原则

Prompt 设计的基本原则是确保 AI 模型生成的代码准确、高效、符合预期，这些原则包括明确性、简洁性、上下文一致性和针对性。

1. 明确性

Prompt 应当清晰、具体，避免模糊和歧义。例如，描述一个功能时，应详细说明输入、输出和预期行为表述。明确的 Prompt 可以帮助 AI 模型准确理解任务要求，生成符合预期的代码。

正确示例：

```
编写一个函数，输入两个整数，返回它们的和。函数签名为：def add(a: int, b: int)
-> int:
```

上面这个 Prompt 明确指出了函数的功能、输入和输出类型。

错误示例：

```
写一个函数加法。
```

上面这个 Prompt 过于简略，没有明确函数的输入和输出类型，容易导致生成的代码不符合预期。

2. 简洁性

AI 生成代码的长度有限，过于复杂或冗长的 Prompt 可能会导致 AI 生成的是解决方案，而不是代码，即便生成也是没有质量的。保持 Prompt 简洁明了，直接指出核心需求，能提高 AI 模型处理 Prompt 的效率。例如，对于一个简单的计算任务，Prompt 可以直接描述输入和预期输出，而不必添加多余的背景信息。

正确示例：

```
读取一个 CSV 文件并输出每行的第一列。文件路径为"data.csv"。
```

上面这个 Prompt 简洁明了，直接说明任务和输入文件路径。

错误示例：

```
我有一个 CSV 文件，里面有很多数据，我想要处理这些数据，具体是读取这个文件，并
且我只需要每一行的第一列，这个文件的名字是 data.csv，你能帮我写这个代码吗？
```

上面这个 Prompt 虽然信息完整，但是过于冗长，增加了 AI 模型理解的难度。

3. 上下文一致性

上下文一致性是确保生成代码连贯性的关键。Prompt 设计时，应提供足够的上下文信息，使 AI 模型理解代码在整体程序中的位置和作用。例如，在多个 Prompt 协同工作的情况下，保持上下文的一致性可以避免生成代码之间的冲突和不兼容。

1）正确示例

第 1 次对话：

```
我正在写一个计算列表中所有元素和的函数，目前有以下代码，请帮我补充剩余部分。
def sum_list(numbers):
    # 在此处补充代码
    return result
```

第 2 次对话：

```
上一部分代码已经生成了，接下来我需要用这个函数去计算以下列表的和：
```

```
numbers = [1, 2, 3, 4, 5]
total = sum_list(numbers)
print(total)
```

上面这个 Prompt 提供了函数的框架和目标，上下文明确。

2）错误示例

第 1 次对话：

```
写一个求和函数。
```

第 2 次对话：

```
用这个函数计算以下列表的和：
numbers = [1, 2, 3, 4, 5]
total = sum_list(numbers)
print(total)
```

上面这个 Prompt 缺乏上下文信息，容易导致生成的代码与现有代码不兼容。

4. 针对性

针对性是指 Prompt 应针对特定任务或问题进行设计。不同任务可能需要不同类型的 Prompt。设计 Prompt 时，要考虑任务的具体需求和目标，避免泛化。针对性的 Prompt 能够引导 AI 模型生成更符合需求的代码。例如，在进行数据处理任务时，Prompt 应明确数据格式和处理步骤，而在用户界面设计任务中，则应侧重界面元素和交互逻辑。

正确示例：

```
编写一个函数，输入一个包含正整数的列表，返回所有偶数的平方。函数签名为：
def even_squares(numbers: List[int]) -> List[int]:
```

上面这个 Prompt 针对特定任务，详细说明了输入和输出的类型和要求。

错误示例：

```
处理列表中的数字。
```

上面这个 Prompt 过于泛化，缺乏具体要求，无法引导 AI 模型生成符合需求的代码。

5. 常见技巧

使用示例代码可以帮助 AI 模型更好地理解任务。例如，提供一部分实现的代码片段，让AI模型完成剩余部分。

分步提示复杂任务可以提高生成代码的质量。将复杂任务拆解成多个简单任务，分别设计Prompt，引导AI模型逐步完成。

1）使用示例代码

```
以下代码片段用于计算阶乘，请补充剩余部分：
    def factorial(n):
        if n == 0:
            return 1
        else:
            # 补充代码
```

上面这个Prompt提供了部分实现的代码片段，引导AI模型完成剩余部分。

2）分步提示复杂任务

第一步：

```
读取CSV文件并打印每行。
```

第二步：

```
提取每行的第一列并存储到列表中。
```

上面这个Prompt将复杂任务拆解成多个简单任务，逐步引导AI模型完成。

通过上面的示例对比，可以更好地理解这些原则的应用，确保AI生成代码的准确性和效率，实现高效、精准的AI编程。

3.2 Prompt编写的艺术

本节详细介绍Prompt的构成要素和编写技巧，以及针对不同AI模型的Prompt设计实例。Prompt的核心构成要素包括任务描述、输入/输出要求、示例代码和上下文信息。清晰的任务描述能帮助AI理解具体需求；明确的输入和输出要求可以保证代码的正确性；示例代码则需要提供上下文，使AI生成的代码更连贯。

3.2.1 Prompt的构成要素

Prompt的构成要素是设计有效Prompt的基础。每个要素都在引导AI模型生成准确、高效的代码中起着关键作用。

1. 任务描述

任务描述应明确具体，告诉 AI 模型需要完成的具体任务。任务描述越清晰，AI 模型理解任务的准确性就越高。示例如下：

```
编写一个 Python 函数，输入一个整数列表，返回列表中所有偶数的平方和。
输入：一个包含整数的列表。
输出：一个整数，表示列表中所有偶数的平方和。
```

AI 输出结果如下：

```
def sum_of_even_squares(numbers):
    result = 0
    for num in numbers:
        if num % 2 == 0:
            result += num  2
    return result
```

2. 输入/输出要求

输入/输出要求定义了函数或代码片段的参数和返回值类型。这些要求确保生成的代码符合预期的接口和行为。

现在来做提示词分解，第一步告知现在要做什么事，Prompt 片段如下：

```
编写一个 Python 函数，输入一个整数列表，返回列表中所有偶数的平方和。
```

第二步告知要怎么做，如下 Prompt 片段：

```
输入：一个包含整数的列表。
输出：一个整数，表示列表中所有偶数的平方和。
```

这样就组成了一个完整的 Prompt 语句。

3. 上下文信息

上下文信息是指前后文的代码和相关的背景信息，再贴上示例代码，使 AI 模型能够更好地理解当前任务在整体项目中的作用。将这些要素结合起来，可以设计一个完整的 Prompt：

```
编写一个函数，输入一个包含整数的列表，返回列表中所有偶数的平方和。
```

```
输入：一个包含整数的列表。
输出：一个整数，表示列表中所有偶数的平方和。
```

通过任务描述、输入/输出要求、示例代码和上下文信息的有效结合，可以设计出高质量的 Prompt，引导 AI 生成准确、高效的代码。与上一个示例相比，下面这段示例多了一段代码样本：

```
编写一个函数，输入一个包含整数的列表，返回列表中所有偶数的平方和。
输入：一个包含整数的列表。
输出：一个整数，表示列表中所有偶数的平方和。

以下是数据处理模块的一部分，补充 sum_of_even_squares 函数的代码：
  def process_data(data):
      even_squares_sum = sum_of_even_squares(data)
      print(f"Sum of even squares: {even_squares_sum}")

  def sum_of_even_squares(numbers):
      # 在此处补充代码
      return result
```

AI 会自动补充代码，并且在第一段提示词中不用告知写的是 Python 代码，因为 AI 会自动识别代码片段是哪一种语言。

以下是在开发 PlugLink 时向 ChatGPT 发送的 Prompt：

```
前端是 Layui 框架，后端是 Python，现在这些代码想要做如下实现：
当<button type="button" class="layui-btn layui-btn-normal
layui-btn-radius" id="btn_testwf">测试工作流</button>按钮被单击时，向
后端发送参数为 action="test_conn_workflow"，以下是基本发送内容：
url: '/workflow',
type: 'POST',
contentType: 'application/json',
并将 WorkFlowID、WorkFlowName 传递给后端。
你先帮我写前端，待会我再告诉你后端要怎么做，你再帮我写 Python 后端。
```

在这个 Prompt 结构中，首先告知了 ChatGPT 要写的代码的技术栈：

```
前端是 Layui 框架，后端是 Python
```

第二步告知要做什么事，怎么做：

```
当<button type="button" class="layui-btn layui-btn-normal layui-
btn-radius" id="btn_testwf">测试工作流</button>按钮被单击时，向后端发
```

```
送参数为 action="test_conn_workflow"，以下是基本发送内容：
url: '/workflow',
type: 'POST',
contentType: 'application/json',
并将 WorkFlowID、WorkFlowName 传递给后端。
```

第三步是行动策略：

```
你先帮我写前端，待会我再告诉你后端要怎么做，你再帮我写 Python 后端。
```

因为 ChatGPT 生成代码有限制，当太长时会被省略，因此有时一个任务要拆分为多次对话来完成。

3.2.2　Prompt 的编写技巧

本节介绍几个实用的 Prompt 编写技巧，包括如何利用 AI 获取知识，如何管理上下文，如何创建独立的智能体。

1．技巧1：当不懂某种知识但又想要实现时，先问AI怎么实现

当遇到不熟悉的编程任务时，可以先询问 AI 如何实现这个任务。这样可以快速获取实现思路和相关的代码示例。例如，现在要写一个 Web 程序但不知道怎么实现，可以这么提问：

```
准备用 Python 写一个 Web 程序，在本地内部使用，使用什么框架更好？
```

ChatGPT 响应示例：

```
对于本地内部使用的 Python Web 程序，可以考虑以下几个流行的框架：

1. Flask
优点：轻量级、灵活性高、易于学习和使用。适合小型项目和快速原型开发。
缺点：需要自己选择和配置扩展，适合简单的应用。

2. Django
优点：全栈框架，内置了很多功能，如 ORM、身份验证、管理后台等，适合大型项目和复杂应用。
缺点：学习曲线较陡。

3. FastAPI
```

优点：性能优越，基于异步编程，能自动生成 OpenAPI 和 Swagger 文档，适合需要高性能和实时响应的应用。
缺点：生态系统还在成长中，相比 Flask 和 Django 有些功能和扩展少。

4. Bottle
优点：极简主义框架，只有一个文件，适合非常小的项目。
缺点：功能有限，不适合复杂项目。

根据需求的不同选择合适的框架：

- 如果需要快速开发和轻量级应用，可以选择 Flask。
- 如果需要一个功能全面且稳健的解决方案，可以选择 Django。
- 如果需要高性能和现代特性，可以选择 FastAPI。

例如：

```
# Flask 示例
from flask import Flask

app = Flask(__name__)

@app.route('/')
def hello_world():
    return 'Hello, World!'

if __name__ == '__main__':
    app.run(debug=True)

# Django 示例
# 安装 Django
pip install django

# 创建 Django 项目
django-admin startproject mysite

# 进入项目目录
cd mysite
```

```
# 运行开发服务器
python manage.py runserver

# FastAPI 示例
from fastapi import FastAPI

app = FastAPI()

@app.get("/")
def read_root():
    return {"Hello": "World"}

if __name__ == "__main__":
    import uvicorn
    uvicorn.run(app, host="127.0.0.1", port=8000)
```

根据你的项目需求和开发经验，选择合适的框架会帮助你更有效地完成任务。

使用上面这种方法可以帮助开发者快速了解实现框架并获得示例代码，以此作为进一步开发的基础。

2. 技巧2：当上下文聊天信息过长时，要重新建立聊天窗口

在与 AI 的对话中，随着上下文信息变长，AI 可能会丧失之前的上下文信息，容易造成 AI“错乱”，不仅影响代码质量而且容易出错，花费在查错上的时间也很多。不仅如此，如果代码行数非常长，则容易造成聊天窗口变得卡顿。这时可以新建聊天窗口，并重新提供必要的上下文和提示词。因此，建议如下：

- 每个小任务完成之后都新建一个聊天窗口，不要在同一个聊天窗口中做过多的任务。
- 在新的窗口中要重新上传之前写过的代码片段，重新沟通。
- 要有保存 Prompt 的习惯，避免反复输入相同内容而浪费时间。

3. 技巧3：每个项目创建独立的智能体解决上下文和知识库问题

为了更好地管理上下文和知识库，可以为每个项目创建独立的智能体（如 GPTs 或 Coze 智能体）。这样可以确保 AI 能够全面了解项目的具体需求，并提供

更为精准的解决方案，具体会在后面的章节中重点探讨。

3.2.3 实战案例：编写 Prompt 以生成数据分析脚本

本节通过一个具体实例展示如何编写 Prompt 来生成数据分析脚本。本节将从任务描述、输入和输出要求、示例代码和上下文信息几个方面入手，逐步设计 Prompt，最终生成一个完整的数据分析脚本。下面将一个 Prompt 分成多段说明，以方便读者理解。

第 1 段：任务描述

首先明确任务：编写一个 Python 脚本，从 CSV 文件中读取数据并进行数据分析，包括计算描述性统计量、处理缺失值和绘制数据分布图。

Prompt 示例：

```
编写一个 Python 脚本，从 CSV 文件中读取数据并进行数据分析。分析内容包括计算描述性统计量、处理缺失值和绘制数据分布图。
```

第 2 段：输入和输出要求

明确输入和输出要求，以确保生成的代码符合预期。

Prompt 示例：

```
输入：一个 CSV 文件，包含多列数值和分类数据。
输出：描述性统计量、处理后的数据和数据分布图。
```

第 3 段：上下文信息

提供完整的上下文信息，确保生成的代码连贯。当然，也可以不提供代码示例。提供示例代码的好处是 AI 能根据示例代码去完善，而不是自己生成变量名称和函数名。

Prompt 示例：

```
以下是数据分析脚本的一部分，请补充代码以完成数据分析任务：

import pandas as pd
import matplotlib.pyplot as plt
import seaborn as sns

def load_data(file_path):
```

```
    data = pd.read_csv(file_path)
    return data

def describe_data(data):
    # 计算描述性统计量
    return data.describe()

def handle_missing_values(data):
    # 处理缺失值，填充为列的均值
    return data.fillna(data.mean())

def plot_data_distribution(data, column):
    # 绘制指定列的数据分布图
    sns.histplot(data[column])
    plt.show()
```

至此，三段 Prompt 的结构就完整了，在任何时候对话时都要确认是否使用了这三段式结构，这样就能生成优质代码，也节省时间。

完整的 Prompt：

```
编写一个 Python 脚本，从 CSV 文件中读取数据并进行基本数据分析。分析内容包括计算描述性统计量、处理缺失值和绘制数据分布图。

输入：一个 CSV 文件，包含多列数值和分类数据。
输出：描述性统计量、处理后的数据和数据分布图。

以下是数据分析脚本的一部分，请补充代码以完成数据分析任务：

import pandas as pd
import matplotlib.pyplot as plt
import seaborn as sns

def load_data(file_path):
    data = pd.read_csv(file_path)
    return data

def describe_data(data):
    # 计算描述性统计量
```

```
    return data.describe()

def handle_missing_values(data):
    # 处理缺失值，填充为列的均值
    return data.fillna(data.mean())

def plot_data_distribution(data, column):
    # 绘制指定列的数据分布图
    sns.histplot(data[column])
    plt.show()

# 示例用法
file_path = 'data.csv'
data = load_data(file_path)
print(describe_data(data))
data = handle_missing_values(data)
plot_data_distribution(data, 'column_name')
```

ChatGPT 回复：

下面是补充后的完整数据分析脚本，包括读取数据、计算描述性统计量、处理缺失值和绘制数据分布图的功能：

```
import pandas as pd
import matplotlib.pyplot as plt
import seaborn as sns

def load_data(file_path):
    data = pd.read_csv(file_path)
    return data

def describe_data(data):
    # 计算描述性统计量
    return data.describe()

def handle_missing_values(data):
    # 处理缺失值，填充为列的均值
    return data.fillna(data.mean())

def plot_data_distribution(data, column):
```

```
    # 绘制指定列的数据分布图
    sns.histplot(data[column], kde=True)
    plt.title(f'Distribution of {column}')
    plt.xlabel(column)
    plt.ylabel('Frequency')
    plt.show()

def analyze_data(file_path, column):
    # 加载数据
    data = load_data(file_path)

    # 打印描述性统计量
    print("Descriptive Statistics:")
    print(describe_data(data))

    # 处理缺失值
    data = handle_missing_values(data)

    # 绘制数据分布图
    plot_data_distribution(data, column)

# 示例用法
file_path = 'data.csv'
column_name = 'column_name'          # 替换为需要绘制分布图的列名
analyze_data(file_path, column_name)
```

这个脚本包括以下功能：

1. load_data(file_path)：从指定的 CSV 文件路径中加载数据。
2. describe_data(data)：计算并返回数据的描述性统计量。
3. handle_missing_values(data)：处理缺失值，使用每列的均值填充缺失值。
4. plot_data_distribution(data, column)：绘制指定列的数据分布图，包括核密度估计（KDE）曲线。
5. analyze_data(file_path, column)：综合调用上述函数，完成数据加载、统计分析、缺失值处理和数据分布图绘制。

使用示例中的 file_path 指定 CSV 文件路径，并将 column_name 替换为需要分析和绘图的列名即可完成数据分析任务。

以上步骤展示了如何编写 Prompt 以生成数据分析脚本。关键在于明确任务描述和输入与输出要求、提供示例代码和上下文信息。通过精心设计的 Prompt，可以引导 AI 生成高质量的代码，完成复杂的数据分析任务。

3.3 AI 编程中的问题诊断与解决方案

在 AI 编程中，问题诊断和解决问题是提升代码质量和开发效率的关键。通过 AI 技术，开发者可以更快速地发现和修复代码中的缺陷，提高项目的稳定性和性能。

AI 编程中的问题诊断涉及代码分析、错误检测和性能优化，可以辅助开发者进行代码重构，提高代码的可读性和可维护性。本节通过实际案例详细探讨 AI 编程中的问题诊断与解决，帮助开发者更高效地应对复杂的编程任务。

3.3.1 常见编程问题的 AI 解决方案

写代码经常会遇到语法错误、逻辑错误、性能问题和依赖管理问题。利用 AI，这些问题可以迅速且高效地解决。以下详细介绍常见编程问题的 AI 解决方案，并通过实际案例展示如何使用 AI 工具来解决这些问题。

1. 语法错误

语法错误是编程中最常见的问题，通常由于拼写错误、缺少符号或语法不正确导致。AI 可以自动检测并修复这些错误。例如，使用集成开发环境（IDE）如 PyCharm 时，如果代码中存在语法错误，那么 PyCharm 会给出错误提示。

假设在 PyCharm 中编写以下 Python 代码：

```
def add_numbers(a, b)
    return a + b
```

上面的代码缺少冒号，PyCharm 会提示语法错误：

```
SyntaxError: invalid syntax
```

此时可以在 ChatGPT 中输入：

```
该代码提示 SyntaxError: invalid syntax 错误，请帮助修正。
def add_numbers(a, b)
    return a + b
```

ChatGPT 输出：

```
你遇到的 SyntaxError: invalid syntax 错误是因为函数定义缺少了一个冒号。
请在函数定义的末尾添加一个冒号，如下所示。
def add_numbers(a, b):
    return a + b
```

AI 工具不仅能修复语法错误，还能解释错误原因，帮助开发者理解和避免类似错误。

2. 逻辑错误

逻辑错误指程序在语法上是正确的，但在运行时产生了不符合预期的结果。这类错误较难发现，需要通过调试和测试来解决。AI 工具通过分析代码逻辑，可以向开发者提供建议和解决方案。

假设以下代码用于计算列表中所有偶数的和，但结果不正确：

```
def sum_even_numbers(numbers):
    total = 0
    for number in numbers:
        if number % 2 == 0:
            total += number
        return total
```

PyCharm 错误提示没有直接指出问题，但代码逻辑错误导致仅第一个偶数被加到 total 中。将代码和问题描述输入 ChatGPT：

```
以下代码用于计算列表中所有偶数的和，但结果不正确。请帮助修正。
def sum_even_numbers(numbers):
    total = 0
    for number in numbers:
        if number % 2 == 0:
            total += number
        return total
```

ChatGPT 输出：

在你的代码中，return 语句的位置不正确，它在循环的第一次迭代后就会执行并结束函数。应该将 return 语句放在循环外部。修改后的代码如下：

```
def sum_even_numbers(numbers):
    total = 0
    for number in numbers:
        if number % 2 == 0:
            total += number
    return total
```

这样，return 语句将在循环结束后执行，并返回计算的总和。

ChatGPT 通过分析代码逻辑，发现并修正了缩进错误，确保循环可以正确计算所有偶数的和。

3. 性能问题

性能问题通常是由于代码效率低下或资源消耗过高导致的。AI 工具可以通过分析代码的执行路径和资源使用向开发者提供优化建议。

假设以下代码用于计算斐波那契数列，但效率低下：

```
def fibonacci(n):
    if n <= 1:
        return n
    else:
        return fibonacci(n-1) + fibonacci(n-2)
```

这种递归算法在计算较大 *n* 时效率低下。将代码和问题描述输入 ChatGPT。

以下递归代码用于计算斐波那契数列，但效率低下。请帮助优化。

```
def fibonacci(n):
    if n <= 1:
        return n
    else:
        return fibonacci(n-1) + fibonacci(n-2)
```

ChatGPT 输出：

递归方法计算斐波那契数列效率低下的原因是它会重复计算很多子问题。可以通过使用记忆化（Memoization）来优化递归方法，或者使用动态规划来提高效率。以下是使用记忆化和动态规划的方法：

方法一：使用记忆化

```
def fibonacci(n, memo={}):
    if n in memo:
        return memo[n]
    if n <= 1:
        return n
    memo[n] = fibonacci(n-1, memo) + fibonacci(n-2, memo)
    return memo[n]
```

方法二：使用动态规划

```
def fibonacci(n):
    if n <= 1:
        return n
    fib = [0] * (n + 1)
    fib[1] = 1
    for i in range(2, n + 1):
        fib[i] = fib[i-1] + fib[i-2]
    return fib[n]
```

方法三：使用优化的动态规划（只存储最后两个斐波那契数）

```
def fibonacci(n):
    if n <= 1:
        return n
    a, b = 0, 1
    for _ in range(2, n + 1):
        a, b = b, a + b
    return b
```

在这 3 种方法中，使用记忆化和动态规划的效率要高得多，特别是对于较大的 n 值。

测试代码

你可以使用以下代码来测试这些方法：

```
print(fibonacci(10))                         # 输出：55
print(fibonacci(20))                         # 输出：6765
print(fibonacci(30))                         # 输出：832040
```

选择适合你的情况的方法进行优化吧。

ChatGPT 给出了 3 个方法来帮助优化，能拓展开发者的思维。

4．依赖管理问题

在使用第三方库时，版本不兼容或库缺失会导致依赖管理问题。AI 工具可以帮助解决这些问题。

假设在 PyCharm 中运行以下代码时出现依赖错误：

```
import numpy as np


def calculate_mean(arr):
    return np.mean(arr)
```

PyCharm 错误提示为：

```
ModuleNotFoundError: No module named 'numpy'
```

将错误提示和问题描述输入 ChatGPT：

```
运行以下代码时出现 ModuleNotFoundError: No module named 'numpy' 错误，
请帮助解决。
import numpy as np


def calculate_mean(arr):
    return np.mean(arr)
```

ChatGPT 输出：

```
出现 ModuleNotFoundError: No module named 'numpy' 错误是因为在你的
Python 环境中没有安装 NumPy 模块。你可以通过以下步骤来解决这个问题：

方法一：使用 pip 命令安装 NumPy
（1）打开命令行或终端。
（2）运行以下命令安装 NumPy：
pip install numpy

方法二：如果你使用的是 Conda 环境管理系统
（1）打开命令行或终端。
（2）运行以下命令安装 NumPy：
conda install numpy
```

```
方法三：如果是在 Jupyter Notebook 中使用

在一个代码单元中运行以下命令：
!pip install numpy

安装完成后，再次运行代码

安装完成后，可以再次运行你的代码：
import numpy as np

def calculate_mean(arr):
    return np.mean(arr)

# 示例测试
arr = [1, 2, 3, 4, 5]
print(calculate_mean(arr))                    # 输出：3.0

通过上述步骤，应该可以成功解决 ModuleNotFoundError: No module named
'numpy' 错误。
```

因为提示词没有写明在什么环境下，因此 ChatGPT 同样非常贴心地提供了多个方法帮助开发者迅速解决依赖管理问题，确保代码正常运行。

以上示例展示了 AI 工具在解决常见编程问题中的有效性。

3.3.2　实战案例：使用 AI 诊断并修复代码缺陷

在实际编程过程中，代码缺陷是不可避免的。利用 AI 技术可以快速诊断并修复这些缺陷，提升代码质量和开发效率。下面通过一个具体案例来展示如何使用 AI 诊断并修复代码缺陷。

假设开发者在 PyCharm 中编写了一个简单的 Web 爬虫，用于从某个网站上获取数据。然而在程序运行过程中代码出现了多个错误。以下是原始代码：

```
import requests
from bs4 import BeautifulSoup

def get_titles(url):
```

```
    response = requests.get(url)
    soup = BeautifulSoup(response.text, 'html.parser')
    titles = soup.find_all('h2')
    for title in titles:
        print(title.text)

get_titles('https://example.com')
```

在 PyCharm 中运行上面的代码时出现了多个错误。开发者可以将代码和错误提示输入 ChatGPT，寻求诊断和修复建议。

1. 输入代码和错误提示

在 PyCharm 中运行代码后，可能会出现如下错误提示：

```
requests.exceptions.RequestException: HTTPSConnectionPool(host=
'example.com', port=443): Max retries exceeded with url: / (Caused
by NewConnectionError('<urllib3.connection.HTTPSConnection object
at 0x...>: Failed to establish a new connection: [Errno 11001]
getaddrinfo failed'))
ModuleNotFoundError: No module named 'bs4'
AttributeError: 'NoneType' object has no attribute 'text'
```

将这些错误提示和代码输入 ChatGPT：

```
以下是我的 Python 代码和运行时出现的错误，请帮助诊断和修复：
import requests
from bs4 import BeautifulSoup

def get_titles(url):
    response = requests.get(url)
    soup = BeautifulSoup(response.text, 'html.parser')
    titles = soup.find_all('h2')
    for title in titles:
        print(title.text)

get_titles('https://example.com')

错误提示如下：
requests.exceptions.RequestException: HTTPSConnectionPool(host=
```

```
'example.com', port=443): Max retries exceeded with url: / (Caused
by NewConnectionError('<urllib3.connection.HTTPSConnection object
at 0x...>: Failed to establish a new connection: [Errno 11001]
getaddrinfo failed'))
ModuleNotFoundError: No module named 'bs4'
AttributeError: 'NoneType' object has no attribute 'text'
```

2. ChatGPT诊断并提供修复建议

ChatGPT 的回复如下：

```
你的代码中存在几个问题，导致不同类型的错误。我们将分别处理每个错误。

1. requests.exceptions.RequestException

错误提示：
requests.exceptions.RequestException: HTTPSConnectionPool(host=
'example.com', port=443): Max retries exceeded with url: / (Caused
by NewConnectionError('<urllib3.connection.HTTPSConnection object
at 0x...>: Failed to establish a new connection: [Errno 11001]
getaddrinfo failed'))

这个错误表明在尝试连接到 example.com 时失败了。这可能是因为 example.com
是一个占位符网站，你需要用一个实际可访问的 URL 替换它。

2. ModuleNotFoundError: No module named 'bs4'
这个错误表明你的 Python 环境中没有安装 beautifulsoup4 模块。你可以通过以下
命令来安装：
pip install beautifulsoup4

3. AttributeError: 'NoneType' object has no attribute 'text'
这个错误通常是因为在解析 HTML 时找不到匹配的元素，导致 soup.find_all 返回
的列表中包含 None。为了避免这种情况，你可以检查找到的元素是否为 None，然后再
访问它们的 text 属性。

修正后的代码示例

确保你已经安装了 requests 和 beautifulsoup4 模块，并使用一个实际可访问的
网站 URL。以下是修正后的代码：
```

```
import requests
from bs4 import BeautifulSoup

def get_titles(url):
    try:
        response = requests.get(url)
        response.raise_for_status()          # 检查请求是否成功
    except requests.exceptions.RequestException as e:
        print(f"HTTP 请求错误: {e}")
        return

    soup = BeautifulSoup(response.text, 'html.parser')
    titles = soup.find_all('h2')
    if not titles:
        print("未找到<h2>标签")
        return

    for title in titles:
        if title:
            print(title.get_text())

# 使用一个实际可访问的 URL
get_titles('https://www.example.com')
```

测试代码

使用一个实际可访问的网站 URL 来测试该代码。例如：

```
get_titles('https://www.baidu.com')
```

通过以上修正和步骤，你应该能够成功运行代码并获取指定网站的 <h2> 标签文本内容。

3. 实施修复

根据 ChatGPT 的建议，开发者可以实施以下步骤来修复代码。

- 处理网络请求失败：在网络请求中添加异常处理，以捕获和处理请求错误。
- 安装 BeautifulSoup 库：使用 pip install beautifulsoup4 命令安装 BeautifulSoup 库。
- 处理标题解析错误：在解析 HTML 时添加异常处理，并在访问元素的属性之前检查是否为空。

综合以上修复建议，最终的代码如下：

```
import requests
from bs4 import BeautifulSoup

def get_titles(url):
    try:
        response = requests.get(url)
        response.raise_for_status()
    except requests.exceptions.RequestException as e:
        print(f"请求失败：{e}")
        return

    try:
        soup = BeautifulSoup(response.text, 'html.parser')
        titles = soup.find_all('h2')
        if not titles:
            print("未找到任何标题")
            return

        for title in titles:
            print(title.text)
    except Exception as e:
        print(f"解析错误：{e}")

get_titles('https://www.baidu.com')
```

以上实例展示了利用 AI 工具修复错误的过程，开发者在利用 AI 工具诊断并修复代码缺陷的同时也能补充自己的知识。

3.4　做一个专属的 AI 智能体

一个定制化的 AI 智能体不仅可以自动生成、调试、优化和重构代码，更重要的是，它能了解整个项目的角色，生成的代码更加精准。

本节介绍如何设计和实现一个专属的 AI 智能体，涵盖智能体的基本概念、设计思路和具体实现步骤。通过实际案例，展示如何利用现有的 AI 工具和平台，如 OpenAI 的 GPT、Coze 智能体等，快速创建和部署智能体。通过本节的学习，读者将学会如何通过自然语言与智能体互动，使其成为日常编程工作中的得力助手，从而提升开发效率和代码质量。无论是初学者还是资深开发者，掌握这个技能都会给编程工作带来极大便利和创新。

3.4.1 什么是 AI 智能体

AI 智能体（Artificial Intelligence Agent）是一种基于人工智能技术的专用助手，旨在完成特定任务或提供特定服务。与一般的 AI 大模型不同，AI 智能体通常针对特定需求进行优化和训练，可以在特定领域内提供更加高效和精准的服务，如 GPTs。

在国内，AI 智能体设计得非常亲民，如 Coze（扣子）、文心智能体、腾讯元器等，在 2.2.1 节中介绍过创建智能体并与之交互的方法，创建一个项目专属的智能体，生成的代码因有定向而更精准，并且也省去了每次重复输入相同 Prompt 的麻烦。

开发者可以利用现有的 AI 工具和平台，创建符合自身需求的专属 AI 智能体。例如，使用 OpenAI 的 GPTs 或通过 Coze 智能体平台，开发者可以设计一个个性化的学习助手，辅助编程学习和项目开发。

以下是智能体的功能模块介绍。

- 指令（Instructions）：让智能体根据用户的设定而做出相应的反应。例如，当设定角度为某项目程序员，指定回复内容标准时，智能体便会按要求执行。
- 知识库（Knowledge Base）：是智能体的核心组成部分，包含与特定领域相关的知识和数据。智能体通过访问和查询知识库，获取所需的信息并作出响应。知识库可以包含编程语言的语法规则、常见问题解答、技术文档等。
- 插件（Plugins）：扩展了智能体的功能，使其能够与其他工具和平台集成。例如，在 Coze 智能体中，可以通过插件实现与 IDE、数据库、Web 服务等的集成，使智能体能够执行更复杂和多样化的任务。

- 接口和 API（Interfaces and APIs）：用于智能体与外部系统的交互，使智能体能够获取数据、执行操作和返回结果。示例：通过 REST API，一个智能体可以与外部的天气服务交互，获取实时天气信息并做出相应的决策。
- 长期记忆能力：提供数据库存储能力，使 AI 机器人能够持久记住对话中的关键参数或内容。
- 定时计划任务：用户可以使用自然语言创建复杂的任务，机器人会准时发送相应的消息内容。
- 工作流程自动化：用户可以创建工作流程，将创意想法转换为机器人技能。
- 预览和调试：机器人开发完成后，可以发送消息来查看机器人的响应，并排查问题。

无论是在编程、客服还是教育领域，AI 智能体都展现出了强大的潜力。

3.4.2　AI 智能体在编程中的作用

AI 智能体不仅能更好地理解项目需求，还能生成更加精准的代码，减少人为错误。下面详细探讨 AI 智能体在编程中的作用及优势。

1．更好地理解项目需求

在传统编程中，开发者需要花费大量时间来理解和分析项目需求，而 AI 智能体可以通过读取知识库，迅速理解并适应需求变化。例如，开发者可以创建一个专属的 AI 智能体，让其根据项目文档、代码文档、用户反馈和历史数据，按需求实现开发交互。这不仅节省了时间，还提高了需求理解的准确性。

2．提高代码生成精准度

因为 AI 智能体训练了整个项目文档，相比普通聊天机器人更了解整个项目，因此，其生成的代码也更符合要求。AI 智能体不仅可以根据项目的整体架构和设计模式生成符合规范的代码，还能根据具体需求生成高度定制化的代码片段。这样，AI 智能体生成的代码不仅符合项目的风格和标准，还能有效减少开发者在代码审查和修改方面的工作量。

3. 代码复用和模块化

AI 智能体可以帮助开发者实现代码复用和模块化设计。在开发大型项目时，AI 智能体可以分析现有的代码库和模块，自动识别可以复用的代码片段，并建议开发者将其集成到新项目中。通过 AI 智能体的辅助，开发者可以更加高效地管理和维护代码库，减少重复劳动，提升项目的整体质量和开发效率。

4. 生成自动化文档

AI 智能体可以通过分析代码和项目文档，自动生成详细的技术文档和用户手册。传统的文档编写通常需要开发者花费大量时间和精力，而智能体能够根据代码注释、变量命名和函数说明，自动生成清晰易懂的文档。这些文档不仅有助于开发者快速上手项目，还能提高项目的可维护性和可扩展性。

通过 AI 智能体在项目中的全面应用，开发者能够显著提高编程效率和代码精准度。AI 智能体不仅能更好地理解项目需求，生成高质量的代码，还能在文档生成、团队协作等方面提供全方位的支持。

创建一个专属的 AI 智能体是开发者提升效率和代码质量的重要途径。选择合适的模型、灵活应用 AI 工具，通过项目实践不断优化和调整 AI 智能体，是构建高质量 AI 智能体的重要方法。

3.4.3 创建专属 AI 智能体的思路

创建一个专属的 AI 智能体可以显著提升开发效率和代码质量，以下是一些创建思路，帮助开发者打造自己的 AI 智能体。

1. 选对模型和链接器

选对 AI 模型是创建 AI 智能体的关键，模型的性能直接影响生成代码的质量和开发周期。当前，GPT 系列模型在生成代码方面表现较为突出，因此创建 GPTs 作为智能体是一个不错的选择，不过其智能体相对较简单，Coze 智能体的功能更强大、更全面，生态也更加成熟，开发者也可以使用 Coze 海外版调用 GPT 模型，而扣子（是 Coze 的国内版）链接的主要是国内的模型，开发者可以自行测试各个模型的性能，这里不作推荐，因为各大模型都在不断地迭代升级，不断相互赶超。

2. 关于知识库的“投喂”方法

为了让智能体在特定领域表现出色，投喂（训练）知识库是必要的步骤。知识库主要是投喂代码示例和技术文档，没必要上传全部代码，特别是大项目，一方面不可能全部上传，另一方面，通用的 AI 工具也无法分析太多数据。以下是一些投喂建议。

- 选择合适的内容：在选择投喂内容时，应该优先选择高质量、覆盖面广的代码示例和技术文档。这些内容可以包括常用的代码片段、设计模式、最佳实践以及常见问题的解决方案。
- 整理和分类：将投喂的内容进行整理和分类，确保不同类型的知识点清晰明了。这可以帮助智能体更好地理解和检索相关信息，提高其响应的准确性和效率。
- 定期更新：技术在不断发展，知识库也需要定期更新。新的技术文档、代码示例以及最新的行业趋势和最佳实践都应及时添加到知识库中，以保持智能体的知识库与时俱进。

以上思路可以帮助开发者创建一个高效、灵活且智能的 AI 智能体，大幅提升开发效率和代码质量。

3.4.4　实战案例：让 AI 智能体帮你编写更精准的代码

本节简单演示通过 GPTs 和扣子创建 PlugLink 开源项目的过程，这里不详细描述 AI 智能体的创建方法，直接进入指令部分的探讨。

PlugLink 开源项目的 GitHub 地址为 https://github.com/zhengqia/PlugLink。

在下面的例子中需要说明的是，AI 智能体知识库还没有投喂 PlugLink 项目变量规则，也没有提供技术文档，仅以投喂 3 个代码文件作为示例，其他不需要设置。

下面使用 GPTs 创建一个名为“pluglink 程序员”的 AI 智能体，如图 3-1 所示。

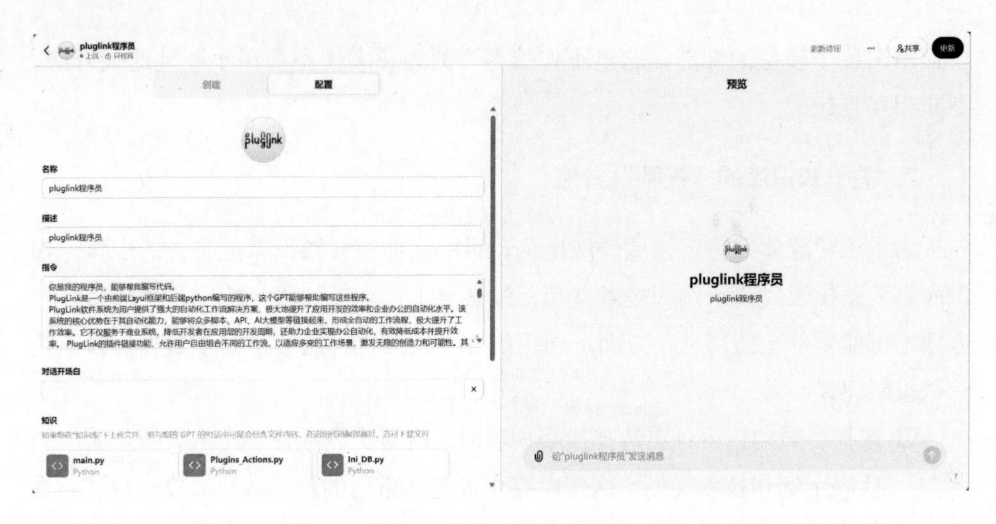

图 3-1　名称为“pluglink 程序员”的 GPTs

“pluglink 程序员”在每次开发完成一个小任务后，会重新把代码投喂给智能体的知识库，并重新调整提示词。如果必要的话，还可以自定义变量规则，让代码更工整一些。以下是“pluglink 程序员”的 GPTs 指令，可供参考。

你是我的程序员，能够帮我编写代码。
PlugLink 是一个由前端 Layui 框架和后端 Python 编写的程序，你能够帮助我编写这些程序。
PlugLink 软件系统为用户提供了强大的自动化工作流解决方案，极大地提升了应用开发的效率和企业办公的自动化水平。该系统的核心优势在于其自动化能力，能够将众多脚本、API、AI 大模型等链接起来，形成全自动的工作流程，极大提升了工作效率。它不仅服务于商业系统，降低开发者在应用层的开发周期，还助力企业实现办公自动化，有效降低成本并提升效率。 PlugLink 的插件链接功能允许用户自由组合不同的工作流，以适应多变的工作场景，激发无限的创造力和可能性。其开源特性让用户可以自由地部署、开发和使用而不受第三方平台规则的限制，真正实现了技术自由和创新自由。

PlugLink 程序文件结构说明：
PlugLink 所有的插件都放置在 plugins 目录下，该目录下的所有文件夹都是一个插件，主框架与插件之间相对独立，主框架的代码是不会去调用插件代码的，主框架只是提供一个存放的载体和解决 C 端用户没有 Python 解释器的问题，插件都是基于自己的 HTML 前端去调用它自己的代码的；
数据库采用 SQLite，在 DB/Main.db 目录下，db_path 公共变量是数据库地址；
PlugLink 主框架程序的虚拟环境为：.venv；
程序采用 Flask 与前端 HTML 交互；

```
知识库是 main.py 主文件，仅供参考；
知识库是 Ini_DB.py 数据库初始化和操作文件，仅供参考；
知识库是 Plugins_Actions.py 有关插件的操作文件，仅供参考；
其他的.py 还没有上传。

PlugLink 的一些说明：
plugins 目录下的插件由其他开发者所开发，插件的依赖是隔离的，并且插件是没有打
包的，都是原始的.py 文件，因此在编程时要考虑更灵活的方法；
你在编程的时候，只要涉及 PlugLink 主框架，就要考虑 PyCharm 调试环境和
Pyinstaller 打包后的环境，而插件是不需要用 Pyinstaller 打包的；
你在编写前端时，要用 Layui 框架；
在使用 Pyinstaller 打包时，我用的是 spec 文件的方式，涉及打包问题时，你需要着
重告知 spec 文件的写法；
下面这个函数用于获取当前位置，当有需要时你可以直接调用这个函数：
def get_base_path(subdir=None):
    if getattr(sys, 'frozen', False):
        base_path = sys._MEIPASS
    else:
        base_path = os.path.dirname(os.path.abspath(__file__))
    if subdir:
        base_path = os.path.join(base_path, subdir)
        #base_path = os.path.join(base_path, subdir.replace("\\",
"/"))
    return base_path
```

需要注意的是，这些指令随时会根据实际情况进行调整，知识库也会经常调整。实际上，制作 AI 智能体与训练模型的原理是相通的，只是 AI 智能体更简单、更亲民，成本也更低。

从上例中可以看到指令结构：

- 告知角色；
- 告知技术栈；
- 项目简介（可以不要或更简单）；
- 文件结构说明；
- 一些示例与说明。

当然，上面并不是规范的写法，规范的写法是结构化的，具体如下：

【指令简介】
角色：程序员
作者：用户
模板：PlugLink 指令法-BRTR 原则
版本：v0.1

【任务设定】
背景：你是一个专业的程序员，负责开发和维护一个名为 PlugLink 的软件系统，该系统利用前端 Layui 框架和后端 Python 技术，提供自动化工作流解决方案，旨在提升应用开发的效率和企业办公自动化水平。
角色：你需要扮演一个具备深厚编程技能和对 PlugLink 系统有深入了解的程序员。
任务：编写和维护 PlugLink 程序，确保其自动化能力和工作流的灵活性，同时提供技术支持和代码优化建议。
要求：编写代码时需要考虑 PyCharm 调试环境和 Pyinstaller 打包环境，同时使用 Layui 框架进行前端开发。

【任务要求】
- <创作流程>
  1. 理解 PlugLink 程序结构和功能需求。
  2. 编写和优化主框架代码，确保与前端的交互顺畅。
  3. 考虑插件的独立性和依赖隔离，编写灵活的代码以适应不同的插件。
  4. 使用 Pyinstaller 进行程序打包，注意 spec 文件的正确编写。
- <语言风格>
  - 专业、清晰、逻辑性强。
- <内容结构>
  - 文件结构说明。
  - 核心功能和优势描述。
  - 编程环境和工具使用指南。
  - 插件开发和主框架交互的指导。

【附加信息】
- 通用获取当前位置的函数示例，可以直接调用，以获取程序运行时的路径信息。

```
def get_base_path(subdir=None):
    import sys
    import os
    if getattr(sys, 'frozen', False):
        base_path = sys._MEIPASS
```

```
    else:
        base_path = os.path.dirname(os.path.abspath(__file__))
    if subdir:
        base_path = os.path.join(base_path, subdir)
    return base_path
```

以上写法采用了 Markdown 格式并以 BRTR 提示词原则来写，提示词中包含背景（B）、角色（R）、任务（T）、要求（R）4 个要素，整个指令的结构化完整，这样更有利于以后的修改和维护。如果开发者对提示词较为熟悉，可以不必这么做。

现在输入需求：

```
创建一个函数，接收前端传过来的参数 datatest 并打印出来，前端和后端代码一起写出来
```

ChatGPT 回复：

```
好的，下面是一个完整的示例，包括前端和后端代码，用于创建一个接收前端传过来的参数 datatest 并打印出来。

后端（Flask）
假设你在 main.py 文件中实现该功能：
from flask import Flask, request, jsonify

app = Flask(__name__)

@app.route('/receive_data', methods=['POST'])
def receive_data():
    datatest = request.json.get('datatest')
    print(f"Received datatest: {datatest}")
    return jsonify({'status': 'success', 'message': f'Received
datatest: {datatest}'})

if __name__ == '__main__':
app.run(debug=True)

前端（HTML with Layui）
在你的前端 HTML 文件中使用 Layui 框架发送 datatest 参数给后端：
```

```
<!DOCTYPE html>
<html>
<head>
    <meta charset="utf-8">
    <title>传递数据示例</title>
    <link rel="stylesheet" href="https://www.layuicdn.com/layui/
css/layui.css">
    <script src="https://www.layuicdn.com/layui/layui.js">
</script>
</head>
<body>
    <button class="layui-btn" id="sendDataBtn">发送数据</button>

    <script>
        layui.use(['jquery'], function() {
            var $ = layui.jquery;

            $('#sendDataBtn').on('click', function() {
                var dataToSend = { datatest: '这是一个测试数据' };

                $.ajax({
                    type: 'POST',
                    url: '/receive_data',
                    contentType: 'application/json',
                    data: JSON.stringify(dataToSend),
                    success: function(response) {
                        layer.msg('数据发送成功: ' + response.message);
                    },
                    error: function() {
                        layer.msg('数据发送失败');
                    }
                });
            });
        });
    </script>
</body>
</html>
```

运行说明
确保在虚拟环境中安装 Flask：
```
pip install Flask
```
启动 Flask 服务器：
```
python main.py
```

打开前端 HTML 文件（如 index.html）在浏览器中查看。

单击相应的按钮后，前端会通过 AJAX 向后端发送一个 datatest 参数，后端接收到该参数并打印出来，同时返回一个 JSON 响应，前端会显示响应的消息。

如果你有其他要求或需要进一步调整，请告诉我。

从上面的 ChatGPT 回复中可以看出，没有告知技术栈，它便能生成本项目所需的代码，并且使用的 Prompt 也特别简单，沟通起来更容易。

接下来测试扣子智能体。

使用扣子（Coze 国内版）创建一个名称为“pluglink 程序员”的智能体，如图 3-2 所示。

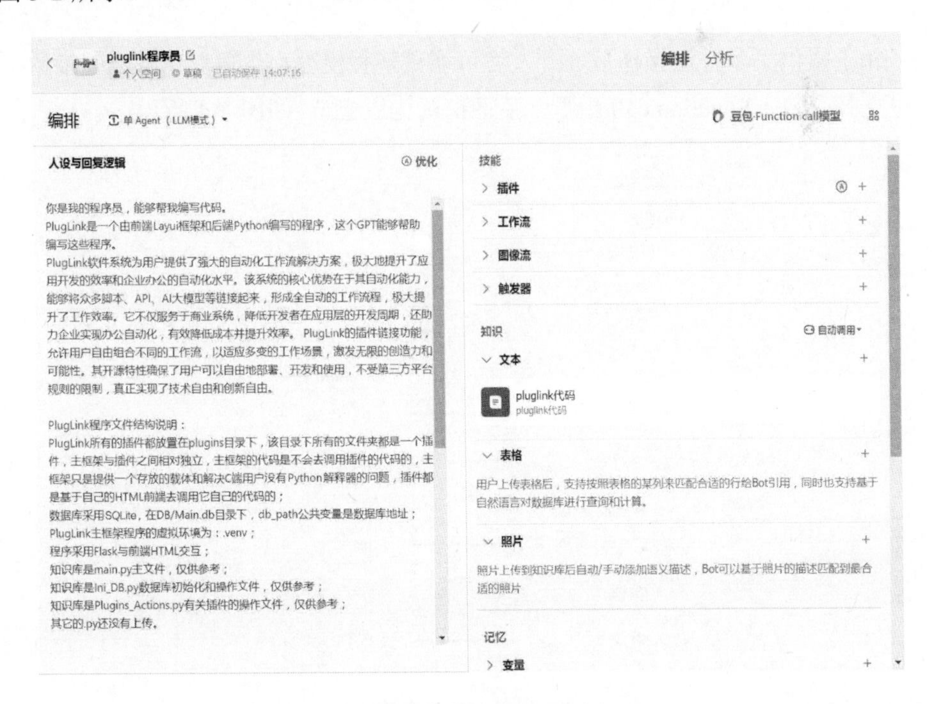

图 3-2　扣子智能体

其中，“人设与回复逻辑”即指令集，可以与 GPTs 一样，也可以单击“优化”按钮自动修改描述方式。主界面右上角可选择模型，如图 3-3 所示。

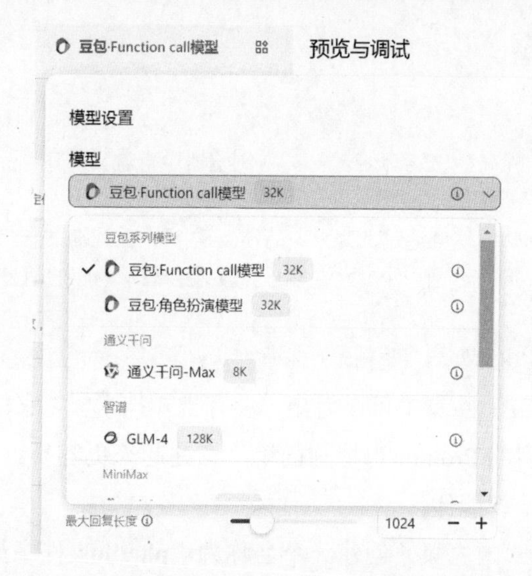

图 3-3　扣子提供的选择模型

扣子提供了多种选择模型，开发者可调试多种模型，也可以自行设置参数，这里选择豆包 • Function call 模型（后面简写为豆包），如图 3-4 所示。

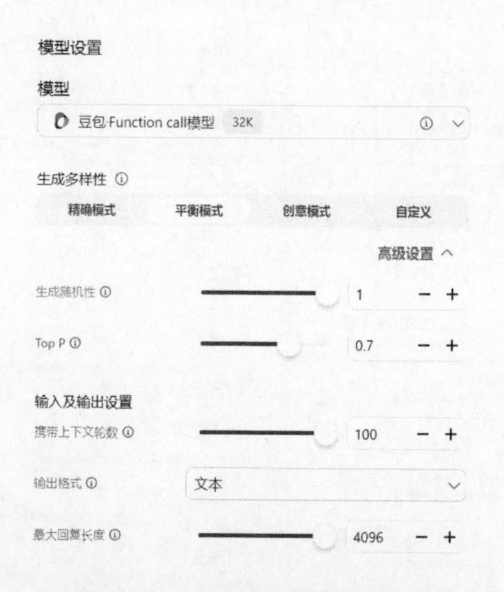

图 3-4　扣子智能体参数选项

其中，“携带上下文轮数”和“最大回复长度”需要将数据调大一些，其他参数默认即可。

接下来就创建知识库。在扣子智能体界面中单击“知识”|“文本”中的“+”按钮进入知识库界面，单击“创建知识库”按钮进入如图 3-5 所示的界面。

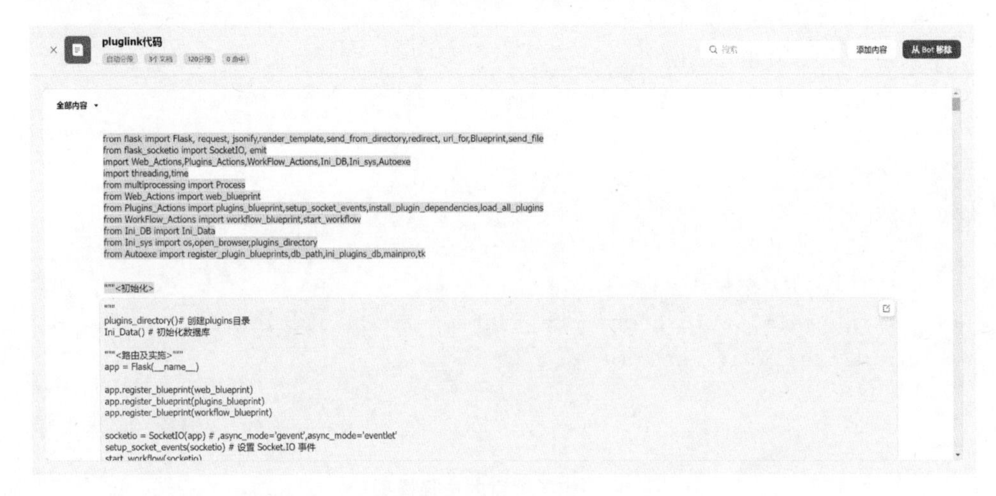

图 3-5　扣子知识库

单击“添加内容”可添加知识库内容，这里与 GPTs 一样添加 3 个文档就好，添加知识需要一些时间，耐心等待一下。

创建完知识库之后就大功告成了，下面开始测试，提示词与前面一样：

```
创建一个函数，接收前端传过来的参数 datatest 并打印出来，前端后端代码一起写出来
```

豆包大模型回复：

```
以下是使用 Flask 和 Layui 框架实现接收前端传过来的参数 datatest 并打印出来的示例代码：

后端（Python）：
from flask import Flask, request

app = Flask(__name__)

@app.route('/receive_data', methods=['POST'])
def receive_data():
    datatest = request.form['datatest']
```

```
    print(datatest)
    return 'Data received successfully!'

if __name__ == '__main__':
    app.run()

前端（HTML 使用 Layui）：
<!DOCTYPE html>
<html>

<head>
  <meta charset="utf-8">
  <title>发送数据到后端</title>
  <link rel="stylesheet" href="https://cdn.staticfile.org/layui/
2.5.7/css/layui.css">
</head>

<body>

  <button class="layui-btn" onclick="sendData()">发送数据</button>

  <script src="https://cdn.staticfile.org/layui/2.5.7/layui.js">
</script>
  <script>
    function sendData() {
      var datatest = "这是测试数据";
      layui.jquery.ajax({
        type: 'POST',
        url: '/receive_data',
        data: {
          'datatest': datatest
        },
        success: function (data) {
          console.log(data);
        }
      });
    }
  </script>
```

```
</body>

</html>
```

在上述代码中，后端使用 Flask 框架创建了一个 /receive_data 路由来接收 POST 请求，并获取 datatest 参数进行打印。前端使用 Layui 的 AJAX 方法发送 POST 请求将数据传递到后端。

生成代码质量与 GPTs 对比：

- datatest 变量赋值方式不一样；
- 豆包在前端生成时没有使用 contentType: 'application/json';
- 豆包没有按照 Layui 格式生成前端代码。

更多差别，读者可以再细看。调试结果：GPTs 调试通过，豆包调试出错。

从结果看豆包好像不适合写代码。接下来换另一个模型——Moonshot（128KB），这是 KIMI 的模型，使用同样的提示词，输出结果如下：

要创建一个函数，接收前端传过来的参数并打印出来，我们可以使用 Flask 作为后端框架来处理 HTTP 请求。下面是一个简单的示例，包括前端和后端的代码。

后端 Flask 代码 (app.py)

```python
from flask import Flask, request, jsonify
import sys
import os

app = Flask(__name__)

# 通用获取当前位置的函数
def get_base_path(subdir=None):
    if getattr(sys, 'frozen', False):
        base_path = sys._MEIPASS
    else:
        base_path = os.path.dirname(os.path.abspath(__file__))
    if subdir:
        base_path = os.path.join(base_path, subdir)
    return base_path
```

```
# 后端接口，接收前端传递的参数并打印
@app.route('/print_data', methods=['POST'])
def print_data():
    # 获取 JSON 数据
    data = request.get_json()
    # 打印数据
    print(data)
    # 返回响应
    return jsonify({'message': 'Data received and printed 
successfully!'}), 200

if __name__ == '__main__':
    app.run(debug=True)


前端 Layui 框架代码 (index.html)
<!DOCTYPE html>
<html>
<head>
    <meta charset="utf-8">
    <title>Print Data Example</title>
    <link rel="stylesheet" href="layui/css/layui.css" media="all">
    <script src="layui/layui.js"></script>
</head>
<body>

<div class="layui-container">
    <h1>Print Data Example</h1>
    <div class="layui-form">
        <div class="layui-form-item">
            <label class="layui-form-label">Data:</label>
            <div class="layui-input-block">
                <textarea id="dataInput" placeholder="Enter your data 
here..." class="layui-textarea"></textarea>
            </div>
        </div>
        <div class="layui-form-item">
            <button id="printDataBtn" class="layui-btn">Print Data
```

```
</button>
        </div>
    </div>
</div>

<script>
layui.use(['layer', 'jquery'], function(){
    var $ = layui.jquery;
    var layer = layui.layer;

    // 单击相应的按钮，将数据发送到后端
    $('#printDataBtn').click(function(){
        var dataInput = $('#dataInput').val();
        if(!dataInput) {
            layer.msg('Data cannot be empty!');
            return;
        }
        $.ajax({
            url: '/print_data',
            type: 'POST',
            contentType: 'application/json',
            data: JSON.stringify({datatest: dataInput}),
            dataType: 'json',
            success: function(res) {
                layer.msg(res.message);
            },
            error: function(err) {
                layer.msg('Failed to send data!');
            }
        });
    });
});
</script>

</body>
</html>
```

使用说明：

（1）确保你已经安装了 Flask。如果没有安装，可以通过 pip install flask 命令安装。
（2）将后端代码保存为 app.py，并确保你有一个虚拟环境自己激活。
（3）将前端代码保存为 index.html，并确保 layui 目录下的 CSS 和 JS 文件路径正确。
（4）运行 Flask 应用，命令为 python app.py。
（5）打开浏览器，访问 http://127.0.0.1:5000/，你将看到前端页面。
（6）在文本框中输入数据，单击 Print Data 按钮，数据将发送到后端并打印出来。

这个示例展示了如何使用 Flask 和 Layui 框架创建一个简单的前后端交互应用。

从这次测试来看，在扣子里用 Moonshot 模型来写代码更合适。每个模型都有自己的特点，调试出最适合的模型，就能事半功倍。

第 4 章　用 AI 构建自己的第一个 Python 项目

理论学得再多，还不如动手做一个项目。只有动手实践，才能真正理解所学知识。

本章通过构建自己的第一个 Python 项目来深入学习和理解编程，从项目构思和规划，到用 AI 辅助生成代码和解决问题，让读者在实际操作中体验编程的乐趣。通过本章的学习，读者不用像以前一样手动编写代码了，甚至不需要去思考一个函数的实现逻辑。

下面开始先构建一个项目吧！

4.1　构建项目的基本流程

首先思考一个问题：做什么项目？

选择一个感兴趣的领域，这样在遇到困难时也能够坚持下去。项目不必太复杂，主要目的是通过项目实践巩固所学知识。

4.1.1　项目构想和规划

开始构想一个 Python 项目时，首先需要做的是确定项目的目标和范围，需要问自己以下几个问题：

- 开发项目的目的是什么？
- 项目能解决什么问题？

- ❑ 项目的目标用户是谁？
- ❑ 用户将如何与项目交互？

假设要构建一个简单的图书管理系统，该系统具备的基本功能有：添加图书、删除图书、搜索图书、借出图书和归还图书。在项目规划阶段需要考虑以下几个方面。

- ❑ 需求分析：明确用户需求，确定系统需要实现的功能。
- ❑ 系统设计：设计系统的架构，包括数据库设计、用户界面设计等。
- ❑ 技术选型：选择合适的技术栈。例如，Python 的 Flask 框架用于 Web 开发，SQLite 可作为轻量级数据库。
- ❑ 开发计划：制订详细的开发计划，包括时间表和里程碑。

接下来让 AI 参与到项目中，它可以实现以下功能：

- ❑ 生成代码模板：AI 可以根据项目需求生成基础代码模板，如数据库模型的类定义。
- ❑ 代码补全和建议：在编写代码的过程中，AI 可以提供代码补全和改进建议，从而提高开发效率。
- ❑ 错误检测和修复：AI 可以帮助开发者识别代码中的错误并提供修复建议。

先以创建图书的一个类定义作为起点。使用 Python 的类表示图书，包括书名、作者和 ISBN 号等属性，那么可以在 ChatGPT 中输入如下提示词：

```
请用 Python 编写一个表示图书的类，该类包括以下属性：
书名（title）
作者（author）
ISBN 号（isbn）

同时，为这个类定义一个构造函数用于初始化上述属性，并实现一个__str__方法用于返回图书的详细信息。
```

ChatGPT 可能会生成如下代码示例：

```
class Book:
    def __init__(self, title, author, isbn):
        self.title = title
        self.author = author
        self.isbn = isbn
```

```
    def __str__(self):
        return f"{self.title} by {self.author}, ISBN: {self.isbn}"
```

上述类的定义是该项目的起点，它为图书管理系统提供了一个基本的数据结构。下面扩展这个类：添加方法，实现借出图书和归还图书的功能。

4.1.2　利用 AI 生成代码并解决问题

随着项目开发的推进，是时候让 AI 加入开发发挥其强大的作用了。AI 在编程方面的应用不仅限于生成基础代码模板，而且还能解决在开发过程中遇到的错误。

1．利用AI生成代码

以图书管理系统为例，假设要添加一个功能来显示所有图书的列表，可以先让 AI 生成该功能的基础代码。

在 ChatGPT 中输入如下提示词：

```
请用 Python 编写一个图书管理系统，该系统包括一个 BookManager 类，具有以下功能：
初始化时创建一个空的图书列表。
添加图书功能（add_book）：接收一个图书对象并将其添加到图书列表中。
列出所有图书功能（list_books）：遍历图书列表并打印每本书的详细信息。
```

以下是 ChatGPT 生成的代码：

```
class BookManager:
    def __init__(self):
        self.books = []

    def add_book(self, book):
        self.books.append(book)

    def list_books(self):
        for book in self.books:
            print(book)
# 假设已经有了 Book 类的定义
# 接下来创建 BookManager 实例并添加一些图书
manager = BookManager()
```

```
manager.add_book(Book("1984", "George Orwell", "978-0451524935"))
manager.add_book(Book("To Kill a Mockingbird", "Harper Lee",
"978-0446310789"))
manager.list_books()
```

在上述代码中，BookManager 类负责管理图书的添加和以列表显示。AI 还会提供对代码的进一步改进建议，如添加异常处理和优化数据结构。

2．调试中的错误处理

在实际编程中不可避免地会遇到错误。这时，AI 可以作为一个强大的助手来协助开发者诊断和解决问题。

假设在实现图书借出功能时遇到了一个错误，代码如下：

```
def borrow_book(self, isbn):
    for book in self.books:
        if book.isbn == isbn:
            if book.is_borrowed:
                print("Book is already borrowed.")
            else:
                book.is_borrowed = True
                print("Book borrowed successfully.")
            break
```

这段代码在某些情况下没有正确地实现图书借出功能。为了解决这个问题，可以告诉 ChatGPT：

```
我在实现图书借出功能时遇到了问题，代码如下：
def borrow_book(self, isbn):
    for book in self.books:
        if book.isbn == isbn:
            if book.is_borrowed:
                print("Book is already borrowed.")
            else:
                book.is_borrowed = True
                print("Book borrowed successfully.")
            break

问题在于，这段代码在某些情况下并没有正确地借出图书。请帮我找出可能存在的错误并提供修改方案。
```

当 ChatGPT 接收到错误信息时，可能会提供以下反馈意见。

- 代码审查：AI 会审查代码，指出代码中可能存在的问题。
- 错误定位：AI 会提供发生错误的具体位置和原因。
- 修改建议：AI 会给出修改代码的建议，甚至直接生成修改后的代码。

例如，AI 可能会指出检查图书是否已经被借出存在逻辑错误，并提供一个修改后的代码示例：

```
def borrow_book(self, isbn):
    for book in self.books:
        if book.isbn == isbn:
            if hasattr(book, 'is_borrowed') and book.is_borrowed:
                print("Book is already borrowed.")
            else:
                book.is_borrowed = True  # Ensure 'is_borrowed'
attribute exists
                print("Book borrowed successfully.")
            return  # Exit the function after processing
    print("Book not found.")
```

在上面的代码中，AI 添加了对 is_borrowed 属性存在性的检查，并在借书成功后退出函数，从而避免可能存在的逻辑错误。

4.1.3　利用 AI 解读代码

AI 能够提供实时的反馈和指导，帮助开发者深入理解代码的逻辑和结构。

假如你正在参与一个开源项目，需要理解项目中的一个函数，想使用 ChatGPT 来解读这个函数，那么可以在 ChatGPT 中输入以下提示词：

```
请解释这个 Python 函数的作用：
def fibonacci(n):
    if n <= 0:
        return "输入值必须是正整数"
    elif n == 1:
        return 0
    elif n == 2:
        return 1
```

```
    else:
        return fibonacci(n-1) + fibonacci(n-2)
```

ChatGPT 回复：

这个 Python 函数名为 fibonacci，它用于计算斐波那契数列的第 n 项。斐波那契数列是一个每个数都是前两个数之和的序列，以 0 和 1 开始。

用户：

这个函数的递归实现有什么优点和缺点？

ChatGPT 回复：

递归实现的优点是代码简洁，直观地表达了斐波那契数列的定义。然而，它也有缺点，包括：
重复计算：相同的值会被多次计算，导致效率低下。
栈溢出风险：对于较大的 n 值，可能会导致栈溢出错误。

用户：

如何改进这个函数以提高效率？

ChatGPT 回复：

可以通过使用动态规划技术来改进这个函数，例如通过记忆化（memoization）来存储已经计算过的斐波那契数，避免重复计算。下面是一个改进后的版本：

```
def fibonacci_memo(n, memo={}):
    if n in memo:
        return memo[n]
    if n <= 0:
        return "输入值必须是正整数"
    elif n == 1:
        return 0
    elif n == 2:
        return 1
    else:
        memo[n] = fibonacci_memo(n-1, memo) + fibonacci_memo(n-2,
memo)
        return memo[n]
```

ChatGPT 可以帮助开发者理解函数的工作原理，分析其优缺点，并且向开发者提供了改进方案。这种互动方式可以应用于任何编程语言和代码片段，是学习和理解新代码的强大工具。

4.1.4　利用 AI 优化和重构代码

代码优化和重构是软件开发过程中不可或缺的一部分。它不仅可以提升代码的性能和可读性，还能增强代码的可维护性。在 AI 的帮助下，这个过程变得更加高效和智能。本节将介绍 AI 在代码优化和重构中的应用，并通过实例展示其强大的功能。

1. 利用AI优化代码

利用 AI 分析代码，能够识别性能瓶颈并提出优化建议。以下是 AI 一些常见的应用场景。

1）性能分析与优化

利用 AI 可以自动分析代码运行时的性能数据，识别出哪部分代码消耗了最多的资源。通过对这些关键部分的优化，可以显著提升代码的整体性能。

假设有一个处理大量数据的 Python 函数，由于其性能不佳，需要进行优化。原始代码如下：

```
def process_data(data):
    result = []
    for item in data:
        transformed = transform(item)
        result.append(transformed)
    return result

def transform(item):
    # 假设这是一个复杂的转换过程
    return item  2
```

process_data 函数的性能瓶颈在于对数据的逐个处理和存储。可以使用 ChatGPT 对其进行优化，提示词如下：

```
请优化以下 Python 代码，提高其性能：
def process_data(data):
    result = []
    for item in data:
```

```
        transformed = transform(item)
        result.append(transformed)
    return result

def transform(item):
    return item  2
```

ChatGPT 可能会给出的优化建议如下：

```
import numpy as np

def process_data(data):
    data = np.array(data)
    result = transform(data)
    return result.tolist()

def transform(data):
    # 使用 NumPy 向量化操作提高性能
    return np.square(data)
```

通过向量化操作，处理速度大大提高。

2）代码可读性和维护性优化

除了性能很重要，代码的可读性和维护性同样重要。AI 工具可以通过重构代码来提高其可读性，使其更容易维护和扩展。

假如有一段相对复杂的代码，需要提高可读性，可以使用 ChatGPT 进行重构，提示词如下：

```
请重构以下 Python 代码，提高其可读性：
def calculate(values):
    total = 0
    for i in range(len(values)):
        if values[i] % 2 == 0:
            total += values[i]
    return total
```

ChatGPT 可能会给出的重构建议如下：

```
def calculate(values):
    return sum(value for value in values if value % 2 == 0)
```

通过使用列表生成式，代码变得更加简洁、易读。

2. 利用AI重构代码

代码重构是指在不改变代码外部行为的前提下，改善其内部结构。AI 在重构过程中可以提供智能建议，帮助开发者提高代码质量。

1）函数拆分

长函数往往难以理解和维护。利用 AI 可以分析函数的逻辑，将其拆分为更小的函数，从而使代码更清晰、易读。

假设有一个过长的处理客户订单函数，需要对其重构以提高代码的可读性和可维护性。可以使用 ChatGPT 对其进行重构，提示词如下：

```
请重构以下 Python 代码，将长函数拆分为多个小函数：
def process_order(order):
    if not order['is_valid']:
        raise ValueError("订单无效")

    total_price = 0
    for item in order['items']:
        total_price += item['price'] * item['quantity']

    if order['customer']['is_member']:
        total_price *= 0.9

    for item in order['items']:
        if item['quantity'] > check_stock(item['id']):
            raise ValueError(f"库存不足: {item['name']}")

    if not process_payment(order['customer']['payment_info'],
total_price):
        raise ValueError("支付失败")

    invoice = generate_invoice(order)

    for item in order['items']:
        update_stock(item['id'], item['quantity'])

    return invoice
```

ChatGPT 可能会给出的重构建议如下：

```
def process_order(order):
    validate_order(order)
    total_price = calculate_total_price(order)
    apply_discount(order, total_price)
    check_inventory(order)
    process_payment(order['customer']['payment_info'], total_price)
    invoice = generate_invoice(order)
    update_inventory(order)
    return invoice

def validate_order(order):
    if not order['is_valid']:
        raise ValueError("订单无效")

def calculate_total_price(order):
    total_price = 0
    for item in order['items']:
        total_price += item['price'] * item['quantity']
    return total_price

def apply_discount(order, total_price):
    if order['customer']['is_member']:
        return total_price * 0.9
    return total_price

def check_inventory(order):
    for item in order['items']:
        if item['quantity'] > check_stock(item['id']):
            raise ValueError(f"库存不足: {item['name']}")

def process_payment(payment_info, total_price):
    if not process_payment(payment_info, total_price):
        raise ValueError("支付失败")

def update_inventory(order):
```

```
    for item in order['items']:
        update_stock(item['id'], item['quantity'])
```

通过对函数的拆分，可以让代码模块化，更易于理解和维护。

2）消除重复代码

重复代码不仅增加了维护成本，还容易引入错误。AI 可以帮助开发者识别和消除代码中的重复部分，提高代码的效率和可维护性。

假设有两段功能相似的代码，需要进行合并重构，可以使用 ChatGPT 进行重构，提示词如下：

```
请重构以下 Python 代码，消除重复部分：
def process_data_a(data):
    result = []
    for item in data:
        if item > 10:
            result.append(item * 2)
    return result

def process_data_b(data):
    result = []
    for item in data:
        if item < 5:
            result.append(item * 3)
    return result
```

ChatGPT 可能会给出的重构建议如下：

```
def process_data(data, condition, multiplier):
    result = []
    for item in data:
        if condition(item):
            result.append(item * multiplier)
    return result

# 使用 Lambda 表达式传递不同的条件和乘数
result_a = process_data(data, lambda x: x > 10, 2)
result_b = process_data(data, lambda x: x < 5, 3)
```

通过参数化 process_data 函数，重复代码被消除了，代码变得更加简洁和灵活。

3）提高代码可读性。

利用 AI 工具不仅可以优化代码结构，还可以提供改进代码可读性的建议，使代码更易于理解和维护。

假设有一段代码，其逻辑复杂且难以理解，需要提高其可读性，可以使用 ChatGPT 进行重构，提示词如下：

```
请重构以下 Python 代码，提高其可读性：
def calculate_discount(price, is_member):
    if is_member:
        if price > 100:
            return price * 0.8
        else:
            return price * 0.9
    else:
        if price > 100:
            return price * 0.9
        else:
            return price
```

ChatGPT 可能会给出的重构建议如下：

```
def calculate_discount(price, is_member):
    if is_member:
        discount_rate = 0.8 if price > 100 else 0.9
    else:
        discount_rate = 0.9 if price > 100 else 1.0
    return price * discount_rate
```

通过简化判断条件，代码变得更加清晰明了。

通过以上实例可以看到，AI 工具在代码重构中的应用非常容易。它不仅可以提高代码的性能和可读性，还能帮助开发者养成良好的编码习惯，提升开发效率。

4.2 AI 编程进阶技巧

对于一些不太明确的需求，是否能让 AI 自动分析后生成相关代码呢？例如，我们现在有一张图，如图 4-1 所示。

图 4-1　网页图片示例

能否让 ChatGPT 帮忙生成 HTML 代码呢？这是完全没问题的，我们可以先上传这张图片，然后发送指令：

> 这是一张个人博客网站的设计图片，请帮我识别并拆解一下这个网页的元素，要给出配色方案及网页结构分析

对话如图 4-2 所示。

这是一张个人博客网站的设计图片，请帮我识别并拆解一下这个网页的元素，要给出配色方案及网页结构分析

图 4-2　ChatGPT 对话示例

ChatGPT 回复：

```
这张个人博客网站设计图可以拆解成多个元素，并分析其配色方案和网页结构。以下是该网页设计的详细分析，包括建议的配色方案和结构分析。

 网页元素分析

1. 页眉部分
   - 背景颜色：深蓝色/海军蓝
   - 元素：
     - 标志或品牌名称（如 Paradiso）使用白色或浅色文字。
     - 导航菜单使用白色或浅色文字。
```

```
    - 搜索栏位于右侧。

2. 主视觉区域
  - 背景颜色：浅蓝色
  - 元素：
    - 大尺寸展示图片（居中，可能带有边框）展示模特或主要视觉元素。
    - 主要标题或标语（字体较大）使用白色文字。
    - 简短描述或副标题（字体较小）使用白色文字。
    - 行动按钮，蓝色背景，白色文字。

3. 内容部分（三列布局）
  - 背景颜色：米白色
  - 元素：
    - 三列布局，每列包含一张图片、一个标题、一段简短文字和一个按钮。
    - 列之间的间距保持一致。
    - 按钮风格与主视觉区域的按钮相似。

4. 中间的特色区域
  - 背景颜色：米黄色
  - 元素：
    - 左侧放置中等大小的图片。
    - 右侧是文字块，包括标题和段落描述。

5. 底部区域
  - 背景颜色：深蓝色
  - 元素：
    - 页脚菜单栏，提供网站地图或快速链接（如关于我们、联系信息等）。
    - 社交媒体图标，使用白色或浅色图标。

 配色方案分析

- 深蓝色（#3b4f63）：用于页眉和页脚，给人一种稳重和专业的感觉。
- 浅蓝色（#76a3c7）：用于主视觉区域的背景，提供清新、开放的视觉效果。
- 米白色（#f8f8f5）：用于内容区域的背景，带来温暖且易读的体验。
- 按钮的蓝色（#0073e6）：用于行动按钮，以吸引用户注意力。

 网页结构分析
1. 整体布局
```

```
  - 布局类型：分段式设计，明显的分区结构。
  - 风格：简洁大气，现代化风格。

2. 导航和交互
  - 导航栏固定在页面顶部，便于用户快速访问不同的页面。
  - 交互元素如按钮，设计风格统一且颜色对比鲜明。

3. 视觉焦点
  - 主视觉区通过大图和醒目的标题，第一时间抓住用户的眼球。
  - 多列内容展示可以在有限的空间内呈现更多信息，同时保持良好的可读性。

4. 响应式设计
  - 布局适应性：从视觉效果来看，该设计可能支持响应式布局，适合在不同设备上展示。

这种设计提供了一个优雅且功能齐全的框架，适用于个人博客或展示类网站，强调视觉吸引力和用户体验。
```

先让 AI 分析一下，判断其是否正确，如果正确，则让它生成代码：

```
很好，你能帮我生成这个网页的 HTML 吗？我该如何做？
```

由于代码过长大量占用篇幅，这里就不展示代码了，如图 4-3 所示。

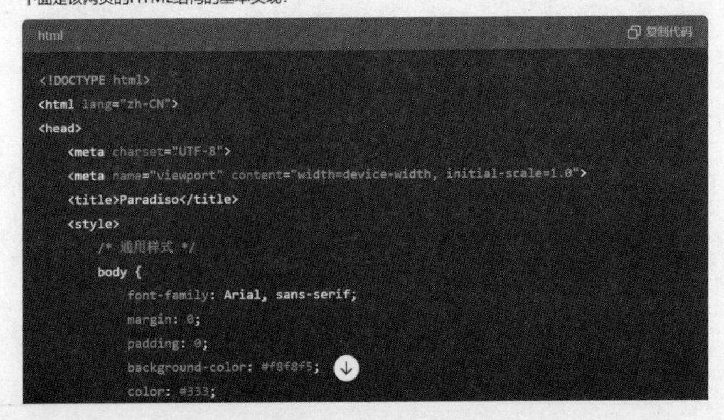

图 4-3　ChatGPT 对话示例

随后 AI 还会给出实现建议：

```
如何实现这个网页？
1. HTML 文件
创建一个新的 HTML 文件（如 index.html）。
复制并粘贴上述 HTML 代码到文件中。

2. 图片资源
替换占位符图片链接（https://via.placeholder.com/...）为你的图片资源。

3. CSS 样式
可以在<style>标签内直接定义 CSS，也可以创建一个外部 CSS 文件（如 style.css）
并通过<link>标签引入。

4. 导航和链接
确保导航链接和其他超链接指向正确的页面。

5. 响应式设计
使用 CSS 的@media 查询来添加响应式设计，以适应不同设备的屏幕尺寸。

6. 测试和部署
在浏览器中打开 index.html 文件进行测试。
确保页面在不同设备和浏览器上的表现都符合预期。

7. 进一步优化
根据需要添加 JavaScript 交互功能。
优化页面加载速度和 SEO。
```

如果有其他疑问，也可以继续向 AI 提问，这里不再演示了。读者应培养思维能力，学会举一反三。下面来做个练习，试试看你能否解决问题。

假设你在某视频上看到一位程序员在演示一段代码，这段代码能帮你解决昨天老板说的那个问题，但视频里的代码看不清楚，而且不知道是用什么语言编写的，此时你该怎么处理呢？

4.3　开发中的常见问题

在实际开发过程中常见的问题主要包括项目需求变更、代码调试与测试、性能优化及项目管理，这些问题对开发者的技能和耐心都是严峻的考验。项目需求经常会在开发过程中发生变化，需要开发者灵活应对并快速调整。代码调试与测试是确保软件质量的关键步骤，然而这个过程往往烦琐且耗时，需要仔细分析和反复测试。性能优化涉及对代码效率和资源使用的改进，要求开发者深入理解程序运行机制。项目管理则是确保团队协作和进度控制的关键，必须合理分配任务并有效沟通。

4.3.1 项目需求变更

项目需求变更是软件开发过程中最常见的问题，无论是由于市场环境变化、客户反馈还是技术进步，需求的变动都是不可避免的。在一个典型的软件开发项目中，初始需求通常基于客户的设想和市场分析，但在开发过程中，客户可能会提出一些之前未考虑到的需求或更改需求，导致需求变更。

例如，在开发一个电商网站时，最初的需求可能只包括基本的商品展示和购物车功能。但随着项目的推进，客户可能发现需要增加用户评论系统以提升用户互动。针对这个变化，开发团队不仅要增加新功能，还需要重新设计数据库结构，调整前端和后端代码，并且还要进行大量的测试以确保新功能与现有系统的兼容性。

再如一个移动应用开发项目，初始需求是创建一个简单的用户健康追踪应用，记录用户的运动步数和饮水量。然而在开发中期，客户决定加入一个社交功能，允许用户分享他们的健康数据并互相鼓励。这不仅需要额外的开发时间和资源，还涉及用户数据隐私和安全问题，需要实现加密和权限管理功能。

需求变更不仅仅是添加新功能，有时可能是移除或修改现有功能。面对需求变更，开发团队需要具备敏捷开发的思维方式，通过迭代开发和持续反馈快速响应变化，同时需要保持良好的文档记录和版本控制，以确保每次变更都能追溯和管理。

需求变更虽然不可避免，但是通过有效的项目管理和灵活的开发策略，可以将其对项目进度和质量的影响降到最低，从而达到客户满意。

4.3.2　代码调试与测试

代码调试与测试是保证软件质量的关键步骤，这个过程不仅能发现和修复代码中的错误，还能验证软件的功能是否符合预期。代码调试与测试工作往往烦琐且耗时，但其对于任何一个成功的软件项目来说都是必不可少的环节。

在使用 AI 生成代码后，代码调试与测试同样重要。例如，使用 AI 生成一个数据处理脚本，初始生成的代码可能会存在逻辑错误。开发者需要仔细审查生成的代码，发现问题并进行修正。

举个例子，假设 AI 生成了一个处理 CSV 文件的脚本，用于从文件中读取数据并计算每列的平均值。生成的代码如下：

```
import csv

def calculate_averages(file_path):
    with open(file_path, newline='') as csvfile:
        reader = csv.reader(csvfile)
        data = list(reader)

    averages = []
    for col in zip(*data):
        col_data = list(map(float, col))
        averages.append(sum(col_data) / len(col_data))

    return averages
```

在初步测试中发现该代码在处理包含标题行的 CSV 文件时会出错，因为标题行中的文本无法转换为浮点数。通过代码调试可以确定问题所在，然后修改代码以跳过标题行：

```
import csv

def calculate_averages(file_path):
    with open(file_path, newline='') as csvfile:
        reader = csv.reader(csvfile)
        data = list(reader)
```

```
    # Skip the header row
    data = data[1:]

    averages = []
    for col in zip(*data):
        col_data = list(map(float, col))
        averages.append(sum(col_data) / len(col_data))

    return averages
```

在实际调试过程中，以 PyCharm 为例，当 AI 生成的代码发生错误时，PyCharm 会提供详细的错误信息和堆栈跟踪，开发人员可以将这些错误信息复制到 AI 模型中进行分析和诊断，以获取自动生成的解决方案或修正建议。例如，PyCharm 可能会提示如下错误：

```
ValueError: could not convert string to float: 'Name'
```

开发者可以将上面的错误信息输入 AI 系统中，AI 系统会根据错误提示提供修正建议，帮助开发者快速定位和解决问题。

单元测试是验证每个功能模块是否正确工作的有效方法。例如，为上述函数编写单元测试：

```
import unittest

class TestCalculateAverages(unittest.TestCase):
    def test_calculate_averages(self):
        file_path = 'test.csv'
        with open(file_path, 'w', newline='') as csvfile:
            writer = csv.writer(csvfile)
            writer.writerow(['Name', 'Math', 'Science'])
            writer.writerow(['Alice', '90', '85'])
            writer.writerow(['Bob', '80', '78'])

        expected = [85.0, 81.5]
        result = calculate_averages(file_path)
        self.assertEqual(result, expected)
```

```
if __name__ == '__main__':
    unittest.main()
```

通过单元测试，可以确保函数在给定输入下的输出是正确的，避免用真实的数据运行时出现问题。

集成测试是验证多个模块是否协同工作的有效方法。例如，在一个数据处理系统中，AI 生成的代码与其他模块（如数据获取和数据存储模块）集成，开发人员需要确保各模块之间的接口和数据流正确无误。通过编写集成测试脚本，模拟系统的整体运行环境来验证各部分的集成效果：

```
def test_system_integration():
    # 模拟数据获取
    data = fetch_data()

    # AI 生成的代码处理数据
    averages = calculate_averages(data)

    # 存储处理结果
    store_results(averages)

    # 验证结果是否正确存储
    stored_data = get_stored_data()
    assert stored_data == averages
```

系统测试则是对整个系统的全面验证。例如，在测试一个 AI 驱动的聊天机器人时，需要验证从用户输入、自然语言处理、回复生成到响应输出的全流程是否顺畅。测试人员可以编写自动化测试脚本，通过模拟用户交互，验证机器人的反应是否符合预期。

验收测试是用户进行的，用于确认软件是否满足需求和期望。例如，一个用户希望通过 AI 生成财务报表，在进行验收测试中，用户发现某些报表数据不准确，经过分析，发现是 AI 在处理特殊财务条目的逻辑上存在缺陷。开发团队通过与用户沟通，修正了相应的处理逻辑，确保报表数据的准确性。

通过有效的代码调试与测试，可以确保 AI 生成的代码不仅能正确运行，还能满足实际应用需求，提升软件的可靠性和用户满意度。

4.3.3 性能优化

性能优化在 AI 生成代码中尤为重要，因为 AI 生成的代码往往是局部片段化的，可能没有充分考虑到系统的整体性能。这种局限性与提示词的编写有很大关系，在生成代码时，需要特别声明各函数之间的关联，并强调其与其他代码模块的关系，以确保生成的代码能够在系统中高效地运行。

假设你手动编写了一段代码，用于从数据库中提取数据并进行处理：

```
def fetch_data_from_db():
    # 从数据库中提取数据
    data = db.query("SELECT * FROM data_table")
    return data

def process_data(data):
    # 处理数据
    processed_data = [d * 2 for d in data]
    return processed_data
```

你希望利用 AI 来优化这些代码，以提高程序性能。此时，可以将现有的代码和优化需求提供给 AI，例如：

```
这是我编写的代码，用于从数据库中提取数据并进行处理。请优化这段代码，以提高其处理大量数据的性能。需要考虑分页提取数据和多线程处理：

def fetch_data_from_db():
    data = db.query("SELECT * FROM data_table")
    return data

def process_data(data):
    processed_data = [d * 2 for d in data]
    return processed_data
```

基于这些信息，AI 可以生成优化后的代码，考虑分页提取数据和多线程处理：

```
import threading

def fetch_data_from_db():
```

```
    data = []
    offset = 0
    limit = 1000
    while True:
        chunk = db.query(f"SELECT * FROM data_table LIMIT {limit}
OFFSET {offset}")
        if not chunk:
            break
        data.extend(chunk)
        offset += limit
    return data

def process_data_chunk(chunk, results):
    processed_chunk = [d * 2 for d in chunk]
    results.extend(processed_chunk)

def process_data(data):
    # 使用多线程处理数据
    chunk_size = 1000
    results = []
    threads = []
    for i in range(0, len(data), chunk_size):
        chunk = data[i:i + chunk_size]
        thread = threading.Thread(target=process_data_chunk,
args=(chunk, results))
        threads.append(thread)
        thread.start()

    for thread in threads:
        thread.join()

    return results
```

在实际开发过程中，当 AI 生成的代码出现效率低下的问题时，开发者应将前面的代码片段复制给 AI，并详细说明代码的上下文和需要处理的任务，这样能确保 AI 生成的代码在处理大数据量时效率更高。性能优化不仅需要考虑单个函数的效率，还需要综合考虑整个系统的架构和资源管理问题。

4.4 Web 项目实战——用 AI 开发一个博客系统

本节开发一个 Web 应用项目——博客系统，通过这个项目，读者能够了解 Web 应用的基本构建流程，并掌握博客系统常见功能的实现方法。

4.4.1 项目准备

本项目的目标是创建一个功能完备的博客系统，只要目标明确，其他的工作交给 AI 就可以了。接下来给 AI 提要求：

```
我现在要做一个简单的个人博客系统，请告诉我需要哪些模块
```

ChatGPT 回复：

```
制作一个简单的个人博客系统，你需要以下几个模块：
1. 用户管理模块
   - 注册、登录、注销功能
   - 用户权限管理（管理员、普通用户）
   - 用户资料管理

2. 博客文章模块
   - 文章的发布、编辑、删除功能
   - 文章的分类、标签管理
   - 文章列表和详情页面
   - 富文本编辑器（如 TinyMCE 或 Quill）

3. 评论模块
   - 文章评论的发布、编辑、删除功能
   - 评论审核机制（防止垃圾评论）

4. 点赞与收藏模块
   - 用户可以点赞、收藏文章

5. 搜索模块
```

```
   - 文章标题、内容的搜索功能

6. 分类与标签模块
   - 文章分类、标签的创建、管理
   - 按分类、标签查看文章列表

7. 文件上传模块
   - 支持图片、视频等文件上传功能
   - 文件管理功能（查看、删除）

8. 后台管理模块
   - 管理员可以管理文章、评论、用户等
   - 数据统计与分析（文章浏览量、评论量等）

9. 用户通知模块
   - 评论回复、点赞通知
   - 系统消息通知

10. SEO 优化模块
   - 文章的 SEO 优化（标题、关键词、描述等）
   - 生成网站地图（sitemap）

11. 安全模块
   - 防止 XSS、CSRF 等攻击
   - 数据备份与恢复功能

12. 前端展示模块
   - 响应式设计，适配各种设备
   - 自定义主题和样式
```

这些模块是一个基本的个人博客系统所需的功能，你可以根据具体需求进行删减和扩展。如果需要具体的代码示例或实现细节，可以告诉我具体需求，我会提供相关帮助。

这样，一个完整的个人博客系统架构就完成了。如果不需要这么多功能，根据自己的实际需要删减就好。接下来重新明确一下主要功能。

- 用户注册和登录：用户能够创建账户并通过登录功能访问个人页面；实现用户认证和授权功能，确保系统的安全性和用户数据的隐私。

- 文章发布与管理：用户可以发布新的文章、编辑已发布的文章或删除文章。每篇文章应包含标题、内容和发布时间等基本信息。
- 评论系统：允许用户在文章下方发表评论，并可以对评论进行管理。这部分功能可以增加互动性，使博客更加生动和有趣。

4.4.2 需求分析

在开发小型 Web 应用项目之前，进行详细的需求分析是至关重要的一步。需求分析可以明确项目要实现的具体功能，并为后续的设计和开发提供清晰的指导。接下来就让 AI 继续帮我们梳理需求，不需要重开聊天窗口：

```
我决定只做 3 个模块，即用户注册和登录、文章发布与管理以及评论系统这 3 个功能模块，请帮我将功能模块做一些梳理
```

ChatGPT 回复：

```
好的，以下是对这 3 个主要功能模块的详细梳理：

1. 用户注册和登录模块
# 功能需求
- 用户注册：用户可以通过用户名、邮箱和密码注册新账号。
- 用户登录：已注册用户通过用户名或者邮箱、密码进行登录。
- 用户注销：登录用户可以退出登录状态。
- 密码重置：用户可以通过邮箱重置密码。

# 实现细节
- 注册接口：POST /api/register
  - 输入：用户名、邮箱、密码
  - 输出：注册成功或错误信息
- 登录接口：POST /api/login
  - 输入：用户名/邮箱、密码
  - 输出：登录成功信息（JWT Token）或错误信息
- 注销接口：POST /api/logout
  - 输入：无
  - 输出：注销成功信息
- 密码重置接口：POST /api/reset-password
```

```
  - 输入：邮箱
  - 输出：重置密码的确认信息

# 数据库设计
- 用户表：包含字段（用户 ID、用户名、邮箱、密码哈希、注册时间、最后登录时间等）

2. 文章发布与管理模块
# 功能需求
- 文章发布：用户可以发布新文章。
- 文章编辑：用户可以编辑自己已发布的文章。
- 文章删除：用户可以删除自己已发布的文章。
- 文章查看：所有用户可以查看已发布的文章列表和详情。

# 实现细节
- 发布文章接口：POST /api/articles
  - 输入：文章标题、内容、分类、标签
  - 输出：信息发布成功或错误信息
- 编辑文章接口：PUT /api/articles/{id}
  - 输入：文章 ID、更新后的标题、内容、分类、标签
  - 输出：编辑成功信息或错误信息
- 删除文章接口：DELETE /api/articles/{id}
  - 输入：文章 ID
  - 输出：删除成功信息或错误信息
- 查看文章列表接口：GET /api/articles
  - 输入：分页参数、分类、标签等
  - 输出：文章列表信息
- 查看文章详情接口：GET /api/articles/{id}
  - 输入：文章 ID
  - 输出：文章详情信息

# 数据库设计
- 文章表：包含字段（文章 ID、标题、内容、作者 ID、发布时间、最后修改时间、分类、
标签等）

3. 评论系统模块
# 功能需求
```

```
- 发表评论：用户可以在文章下面发表评论。
- 编辑评论：用户可以编辑自己发表的评论。
- 删除评论：用户可以删除自己发表的评论。
- 查看评论：所有用户可以查看文章下面的评论列表。

# 实现细节
- 发表评论接口：POST /api/comments
  - 输入：文章 ID、评论内容
  - 输出：评论成功信息或错误信息
- 编辑评论接口：PUT /api/comments/{id}
  - 输入：评论 ID、更新后的评论内容
  - 输出：编辑成功信息或错误信息
- 删除评论接口：DELETE /api/comments/{id}
  - 输入：评论 ID
  - 输出：删除成功信息或错误信息
- 查看评论列表接口：GET /api/comments?article_id={article_id}
  - 输入：文章 ID
  - 输出：评论列表信息

# 数据库设计
- 评论表：包含字段（评论 ID、文章 ID、用户 ID、评论内容、发布时间、最后修改时
间等）

前端界面
- 用户注册/登录页面：提供用户注册、登录和密码重置功能。
- 文章管理页面：用户可以发布新文章、编辑已发布文章、删除文章、查看所有文章。
- 文章详情页面：显示文章内容及其评论，提供发表评论功能。

安全性
- 输入验证：对所有输入进行严格验证，防止 SQL 注入、XSS 等攻击。
- 身份验证：使用 JWT 进行用户身份验证，确保只有登录用户才能发布、编辑和删除文
章或评论。

技术栈
- 后端：Python（Flask 或 Django）
- 前端：HTML、CSS、JavaScript（可以使用 Layui 框架）
```

- 数据库：SQLite 或其他关系数据库

您可以根据这些梳理内容进行详细的设计和开发。需要进一步的代码示例或技术支持，可以随时告诉我。

此时，AI 不仅把详细的需求梳理出来了，连技术栈也提出了建议。这对开发者有较大的参考价值，开发者可以根据实际需要整理成开发文档即可。如果有属于自己的使用格式，也可以先投喂给 AI，让它按照既定格式输出。

4.4.3　技术选型

在开发小型 Web 应用项目时，选择合适的技术栈是成功的关键，主要涉及 Web 框架和数据库的选择。对于初学者来说，可能会对众多可选项感到困惑，可以利用 AI 助手来辅助决策。下面通过与 AI 助手的对话示例，帮助读者了解技术选型的问题。

Web 框架是用于构建和运行 Web 应用的基础工具。它能帮助开发者简化代码编写，提高开发效率。目前有许多 Web 框架可供选择，假设开发者并不知道有什么框架，这时就可以问 AI 了。

用户：

我想用 Python 开发一个博客系统，请告诉我需要的技术栈，并列出前端和后端框架介绍供我选择

ChatGPT 回复：

开发一个博客系统需要涉及多个技术栈，包括前端、后端、数据库以及部署相关的技术。以下是一些建议的技术栈和框架供你选择：

前端技术栈

（1）HTML、CSS、JavaScript：基本的网页开发语言，用于构建网页结构和样式及进行交互。

（2）前端框架/库：

React：一个由 Facebook 开发的用于构建用户界面的 JavaScript 库。它通过组件化开发，可以提高开发效率和可维护性。

Vue.js：一个渐进式 JavaScript 框架，易于上手并且灵活性高，适合各种规模的项目。

```
Angular：由 Google 开发的一个完整的前端框架，适合大型的复杂应用的开发。
（3）UI 框架：
Layui：一个非常轻量级的前端 UI 框架，适合快速搭建前端页面。
Bootstrap：一个流行的前端框架，提供了丰富的组件和响应式设计支持。

后端技术栈
（1）Python：用于编写后端逻辑的编程语言。
（2）后端框架：
Django：一个高层次的 Python Web 框架，包含 ORM、认证系统、管理界面等多种功能，适合快速开发和部署复杂的 Web 应用。
Flask：一个轻量级的 Python Web 框架，非常灵活，适合小型项目或需要高度定制化的项目。
（3）数据库：
SQLite：轻量级嵌入式数据库，适合开发和测试阶段使用。
PostgreSQL：功能强大的关系型数据库，适合生产环境。
MySQL：流行的开源关系型数据库，性能优越，社区支持强大。

部署技术栈
（1）Web 服务器：
Nginx：高性能的 HTTP 和反向代理服务器，适合处理静态文件和负载均衡。
Apache：功能全面的 Web 服务器，配置灵活。
（2）应用服务器：
Gunicorn：一个 Python WSGI HTTP 服务器，常用于部署 Flask 和 Django 应用。
uWSGI：一个功能强大的应用服务器，支持多种语言和协议。
（3）容器化：
Docker：用于容器化应用，便于部署和管理。
Kubernetes：用于容器编排，适合大规模应用的管理和部署。

技术栈选择
# 前端
- Layui + Vue.js：Layui 提供 UI 组件，Vue.js 提供前端逻辑和数据绑定，适合快速构建现代化的响应式博客系统。
- React + Bootstrap：React 组件化开发结合 Bootstrap 的 UI 组件，适合构建复杂且美观的博客系统。

# 后端
- Django + PostgreSQL：Django 提供全功能的 Web 框架和 ORM，PostgreSQL
```

```
作为后端数据库，适合快速开发和部署。
- Flask + SQLite/MySQL：Flask 提供轻量级框架，SQLite 适合开发阶段使用，
MySQL 适合生产环境，适合需要灵活性和高性能的博客系统。

示例架构
# 前端：Layui + Vue.js
- 使用 Layui 的 UI 组件构建页面结构和样式。
- 使用 Vue.js 处理前端逻辑和与后端的交互。

# 后端：Django + PostgreSQL
- 使用 Django 开发后端逻辑，包括用户认证、文章管理等功能。
- 使用 PostgreSQL 存储博客文章和用户信息。

# 部署：Nginx + Gunicorn + Docker
- 使用 Nginx 处理静态文件和反向代理。
- 使用 Gunicorn 部署 Django 应用。
- 使用 Docker 容器化应用，便于部署和管理。

总结
以上是开发博客系统建议使用的技术栈和框架介绍。你可以根据自己的需求和偏好选择合
适的技术栈开发博客系统。如果需要进一步的技术细节或具体实现代码，请随时联系我。
```

这样，AI 将整个技术栈和前后端框架一一罗列出来，并且还给出了示例。这里假设开发者选择了前端 Layui 框架+数据库 SQLite+Flask Web 框架，下面以此选择为基础继续介绍。

4.4.4　项目结构和模块文档设计

1．项目结构设计

一个清晰、合理的项目结构可以使代码更易于管理和维护，并可以提高开发效率。在这一部分将详细介绍如何设计项目结构及划分功能模块。这部分工作同样仍然由 AI 来生成，提问：

```
我将选用前端 Layui 框架+数据库 SQLite+Flask Web 框架来开发这个博客，请帮我
设计项目目录结构，不需要示例代码
```

ChatGPT 回复：

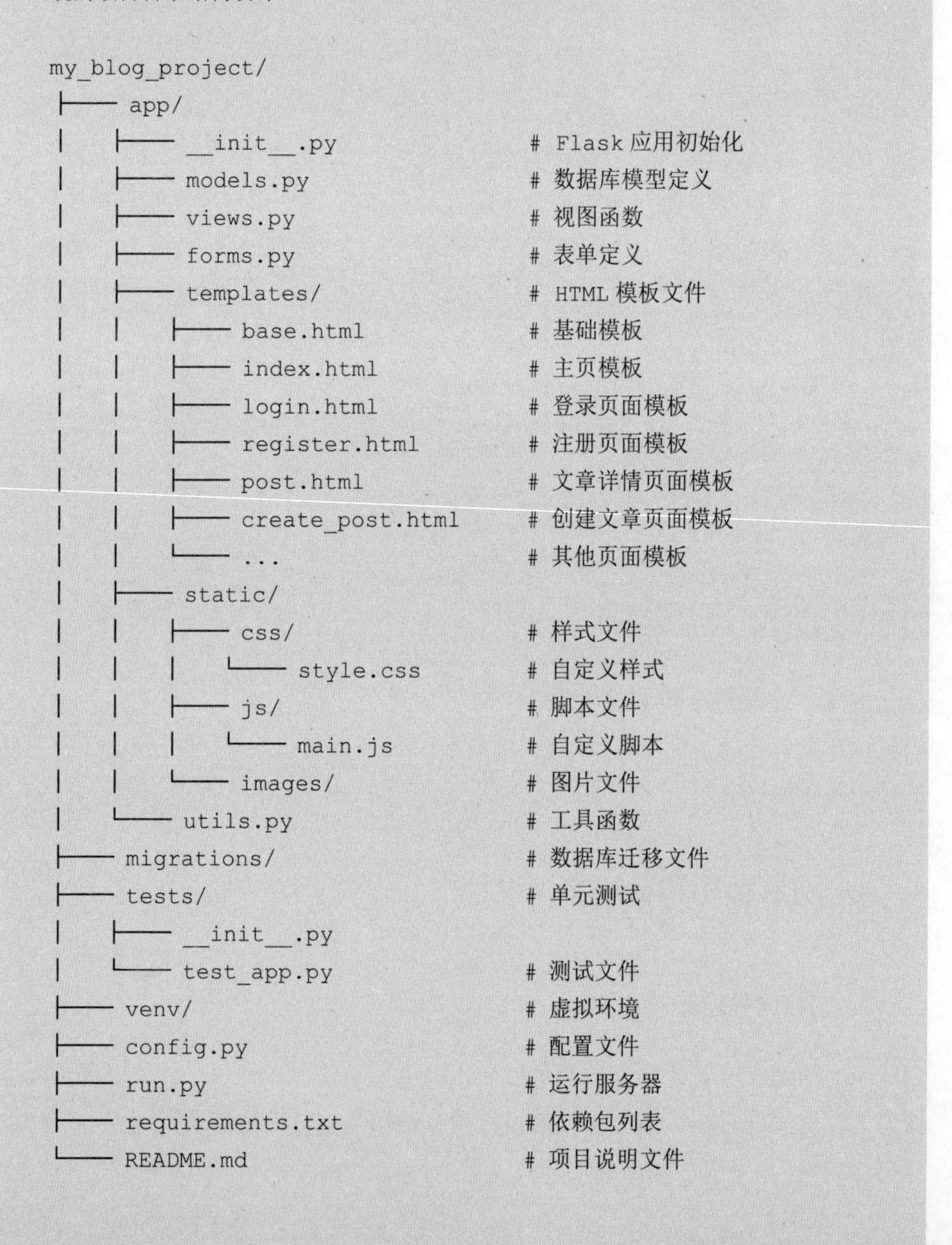

好的，以下是使用 Layui 框架、SQLite 数据库和 Flask Web 框架来开发个人博客系统的项目目录结构设计：

```
my_blog_project/
├── app/
│   ├── __init__.py                 # Flask 应用初始化
│   ├── models.py                   # 数据库模型定义
│   ├── views.py                    # 视图函数
│   ├── forms.py                    # 表单定义
│   ├── templates/                  # HTML 模板文件
│   │   ├── base.html               # 基础模板
│   │   ├── index.html              # 主页模板
│   │   ├── login.html              # 登录页面模板
│   │   ├── register.html           # 注册页面模板
│   │   ├── post.html               # 文章详情页面模板
│   │   ├── create_post.html        # 创建文章页面模板
│   │   └── ...                     # 其他页面模板
│   ├── static/
│   │   ├── css/                    # 样式文件
│   │   │   └── style.css           # 自定义样式
│   │   ├── js/                     # 脚本文件
│   │   │   └── main.js             # 自定义脚本
│   │   └── images/                 # 图片文件
│   └── utils.py                    # 工具函数
├── migrations/                     # 数据库迁移文件
├── tests/                          # 单元测试
│   ├── __init__.py
│   └── test_app.py                 # 测试文件
├── venv/                           # 虚拟环境
├── config.py                       # 配置文件
├── run.py                          # 运行服务器
├── requirements.txt                # 依赖包列表
└── README.md                       # 项目说明文件
```

```
目录结构说明
- app/：包含 Flask 应用的主要代码。
  - __init__.py：Flask 应用初始化文件。
  - models.py：定义数据库模型（如用户、文章、评论）。
  - views.py：定义视图函数（如路由和处理逻辑）。
  - forms.py：定义表单类（如注册表单、登录表单、文章表单）。
  - templates/：存放 HTML 模板文件。
    - base.html：基础模板，包含导航栏等公共部分。
    - index.html：主页模板。
    - login.html：登录页面模板。
    - register.html：注册页面模板。
    - post.html：文章详情页面模板。
    - create_post.html：创建文章页面模板。
    - 其他所需页面模板。
  - static/：存放静态文件（CSS、JavaScript、图片等）。
    - css/：样式文件夹。
    - js/：脚本文件夹。
    - images/：图片文件夹。
  - utils.py：工具函数文件，如常用的辅助函数。
- migrations/：存放数据库迁移文件，用于数据库版本的管理。
- tests/：存放单元测试代码。
  - test_app.py：测试文件，编写测试用例。
- venv/：虚拟环境目录，用于隔离项目依赖。
- config.py：配置文件，存放应用配置（如数据库 URI、密钥等）。
- run.py：运行服务器的入口文件。
- requirements.txt：列出项目依赖的 Python 包。
- README.md：项目说明文件，包含项目简介、安装和运行说明等。
```

这个目录结构可以帮助你组织代码和文件，使项目更易于管理和维护。根据需求，你可以进一步调整和扩展目录结构。

AI 不仅把目录文件名都梳理出来了，还把每个文件的用途都写出来了，开发者只需要按照自己开发习惯修改即可。也可以让 AI 转换成 markdown，做成思维导图，可以这样提问：

> 请把以上内容用 markdown 格式输出，要导入 Xmind 思维导图，要求：在文件名处要加注释，方便我导入后识别

ChatGPT 回复：

```
# 我的博客程序
- app
  - __init__.py                         # Flask 应用初始化
  - models.py                           # 数据库模型定义
  - views.py                            # 视图函数
  - forms.py                            # 表单定义
  - templates                           # HTML 模板文件
    - base.html                         # 基础模板
    - index.html                        # 主页模板
    - login.html                        # 登录页面模板
    - register.html                     # 注册页面模板
    - post.html                         # 文章详情页面模板
    - create_post.html                  # 创建文章页面模板
    - ...                               # 其他页面模板
  - static
    - css                               # 样式文件
      - style.css                       # 自定义样式
    - js                                # 脚本文件
      - main.js                         # 自定义脚本
    - images                            # 图片文件
  - utils.py                            # 工具函数
- migrations                            # 数据库迁移文件
- tests                                 # 单元测试
  - __init__.py
  - test_app.py                         # 测试文件
- venv                                  # 虚拟环境
- config.py                             # 配置文件
- run.py                                # 运行服务器
- requirements.txt                      # 依赖包列表
- README.md                             # 项目说明文件
```

这段 markdown 可以导入 Xmind 思维导图软件中，帮助你创建项目结构的思维导图。

将上面这段 markdown 导入 Xmind 软件中之后，就能够形成一张完整的思维导图了，如图 4-4 所示。

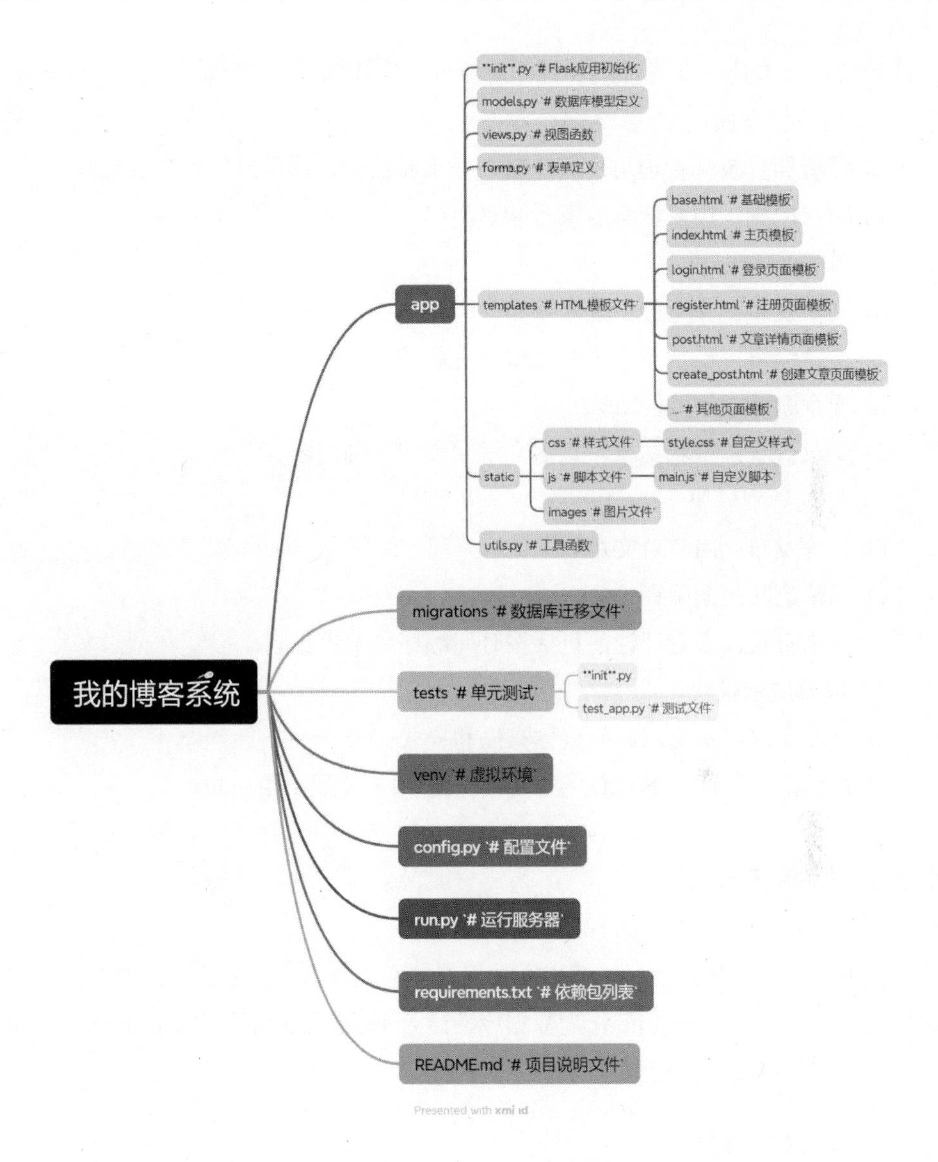

图 4-4　Xmind 思维导图

在此基础上只需要做一些调整即可，如导入后“_”符号变成“*”，这个只能手动删除了。

2．模块及其功能设计

有了目录结构，并且前面也整理了需求分析，现在可以将不同功能划分到独立的模块中，方便开发者维护并有针对性地生成代码：

1）用户管理模块

- 注册和登录：管理用户的注册、登录和注销，确保进行用户身份验证。
- 用户配置：用户信息的查看和更新。

2）文章管理模块

- 文章发布：文章的创建和发布。
- 文章编辑：已发布文章的编辑和更新。
- 文章删除：删除文章。
- 文章查看：查看文章，包括文章列表和详细内容。

3）评论管理模块

- 评论发布：用户对文章的评论。
- 评论删除：删除评论。
- 评论查看：查看评论，包括按时间顺序显示评论。

4）前端展示模块

- 页面布局：定义网站的整体布局和样式。
- 模板渲染：通过 HTML 模板渲染动态内容并展示给用户。

4.4.5 数据库设计

合理的数据库设计不仅能够提高数据存储和查询效率，还能保证数据的一致性和完整性。本节以 SQLite 作为数据库，结合 Flask Web 框架和 Layui 前端框架详细介绍如何定义数据模型并创建数据库表。

1. 定义数据模型

数据模型是数据库设计的基础，用于描述数据的结构和关系。在“我的博客系统”项目中，需要定义的数据模型有用户、文章和评论。

1）用户模型（User）

- 用户名（username）：唯一标识每个用户的名称。
- 邮箱（email）：用户的邮箱地址，用于登录和通知。
- 密码哈希（password_hash）：用户密码的加密哈希值，保证密码的安全性。

- 注册日期（registered_on）：用户注册的时间。

2）文章模型（Post）

- 标题（title）：文章的标题。
- 内容（content）：文章的内容。
- 发布日期（date_posted）：文章发布的时间。
- 作者 ID（author_id）：外键，关联到用户模型，用于标识文章的作者。

3）评论模型（Comment）

- 内容（content）：评论的内容。
- 评论日期（date_commented）：评论发表的时间。
- 文章 ID（post_id）：外键，关联到文章模型，用于标识评论所属的文章。
- 用户 ID（user_id）：外键，关联到用户模型，用于标识评论的作者。

2. 创建数据库表

定义好数据结构之后，就可以让 AI 生成相关代码了。假设该项目要采用 Python 脚本来创建 SQLite，如果数据库存在，则不用再创建，提示词如下：

```
1. 用户模型（User）
用户名（username）：唯一标识每个用户的名称。
邮箱（email）：用户的邮箱地址，用于登录和通知。
密码哈希（password_hash）：用户密码的加密哈希值，保证密码的安全性。
注册日期（registered_on）：用户注册的时间。

2. 文章模型（Post）
标题（title）：文章的标题。
内容（content）：文章的内容。
发布日期（date_posted）：文章发布的时间。
作者 ID（author_id）：外键，关联到用户模型，用于标识文章的作者。

3. 评论模型（Comment）
内容（content）：评论的内容。
评论日期（date_commented）：评论发表的时间。
文章 ID（post_id）：外键，关联到文章模型，用于标识评论所属的文章。
用户 ID（user_id）：外键，关联到用户模型，用于标识评论的作者。
---
```

请用以上数据结构，生成 SQLite 数据库创建的 Python 代码。要求：每次需要检测，如果已经创建则不再重复创建

ChatGPT 回复：

以下是使用 SQLite 的 Python 标准库 SQLite 3 创建的用户、文章和评论模型的代码，并确保每次执行时不会重复创建表：

```
python
import sqlite3
from datetime import datetime

# 创建数据库连接
conn = sqlite3.connect('blog.db')
cursor = conn.cursor()

# 创建用户表
cursor.execute('''
CREATE TABLE IF NOT EXISTS users (
    id INTEGER PRIMARY KEY AUTOINCREMENT,
    username TEXT UNIQUE NOT NULL,
    email TEXT UNIQUE NOT NULL,
    password_hash TEXT NOT NULL,
    registered_on TIMESTAMP DEFAULT CURRENT_TIMESTAMP
)''')

# 创建文章表
cursor.execute('''
CREATE TABLE IF NOT EXISTS posts (
    id INTEGER PRIMARY KEY AUTOINCREMENT,
    title TEXT NOT NULL,
    content TEXT NOT NULL,
    date_posted TIMESTAMP DEFAULT CURRENT_TIMESTAMP,
    author_id INTEGER NOT NULL,
    FOREIGN KEY (author_id) REFERENCES users (id)
)''')

# 创建评论表
cursor.execute('''
```

```
CREATE TABLE IF NOT EXISTS comments (
    id INTEGER PRIMARY KEY AUTOINCREMENT,
    content TEXT NOT NULL,
    date_commented TIMESTAMP DEFAULT CURRENT_TIMESTAMP,
    post_id INTEGER NOT NULL,
    user_id INTEGER NOT NULL,
    FOREIGN KEY (post_id) REFERENCES posts (id),
    FOREIGN KEY (user_id) REFERENCES users (id)
)''')

# 提交更改并关闭连接
conn.commit()

def add_user(username, email, password_hash):
    cursor.execute('''
    INSERT INTO users (username, email, password_hash)
    VALUES (?, ?, ?)
    ''', (username, email, password_hash))
    conn.commit()

def add_post(title, content, author_id):
    cursor.execute('''
    INSERT INTO posts (title, content, author_id)
    VALUES (?, ?, ?)
    ''', (title, content, author_id))
    conn.commit()

def add_comment(content, post_id, user_id):
    cursor.execute('''
    INSERT INTO comments (content, post_id, user_id)
    VALUES (?, ?, ?)
    ''', (content, post_id, user_id))
    conn.commit()

# 示例调用
# add_user('testuser', 'test@example.com', 'hashed_password')
# add_post('Sample Post', 'This is the content of the sample post.', 1)
# add_comment('This is a comment.', 1, 1)
```

```
# 关闭连接
conn.close()
```

这个代码片段使用 Python 标准库 SQLite 3 来连接 SQLite 数据库并创建所需的表。通过 CREATE TABLE IF NOT EXISTS 语句确保表只会在不存在时创建，并提供了 add_user、add_post 和 add_comment 函数来插入数据。

将上面的代码复制到指定脚本中即可，当然，这只是为了方便后续维护，也可以自行在 SQLite 管理工具中添加。

4.4.6 功能开发

在功能开发阶段，首先需要实现用户注册和登录功能。这些功能是 Web 应用的基础，确保用户能够创建账户并通过登录功能访问个人页面。使用 ChatGPT 生成代码，可以提高开发效率并确保代码的正确性。

1. 用Prompt简单实现用户注册和登录功能

用户注册和登录功能包括创建新账户、用户登录和用户身份验证。那么 Prompt 该如何写呢？通过前面的学习我们知道：第一，把之前整理出来的文档内容投喂给它；第二，分模块生成。

第一个需求就是前端的“创建用户注册页面”，我们前面确定了用 Layui 作为前端框架、Flask 作为后端 Web 框架、SQLite 作为数据库，并且数据库已经创建，那么新建一个聊天窗口，提示词可以这样设计：

```
【任务设定】
背景：我要写一个个人中文博客程序。
角色：你是一个资深的全栈程序员，能写出完整的代码。
任务：用 Python 写一个博客程序，采用 Layui 作为前端框架、Flask 作为后端 Web 框架、SQLite 作为数据库。
【任务要求】
<文件结构>
my_blog_project/
├── app/
```

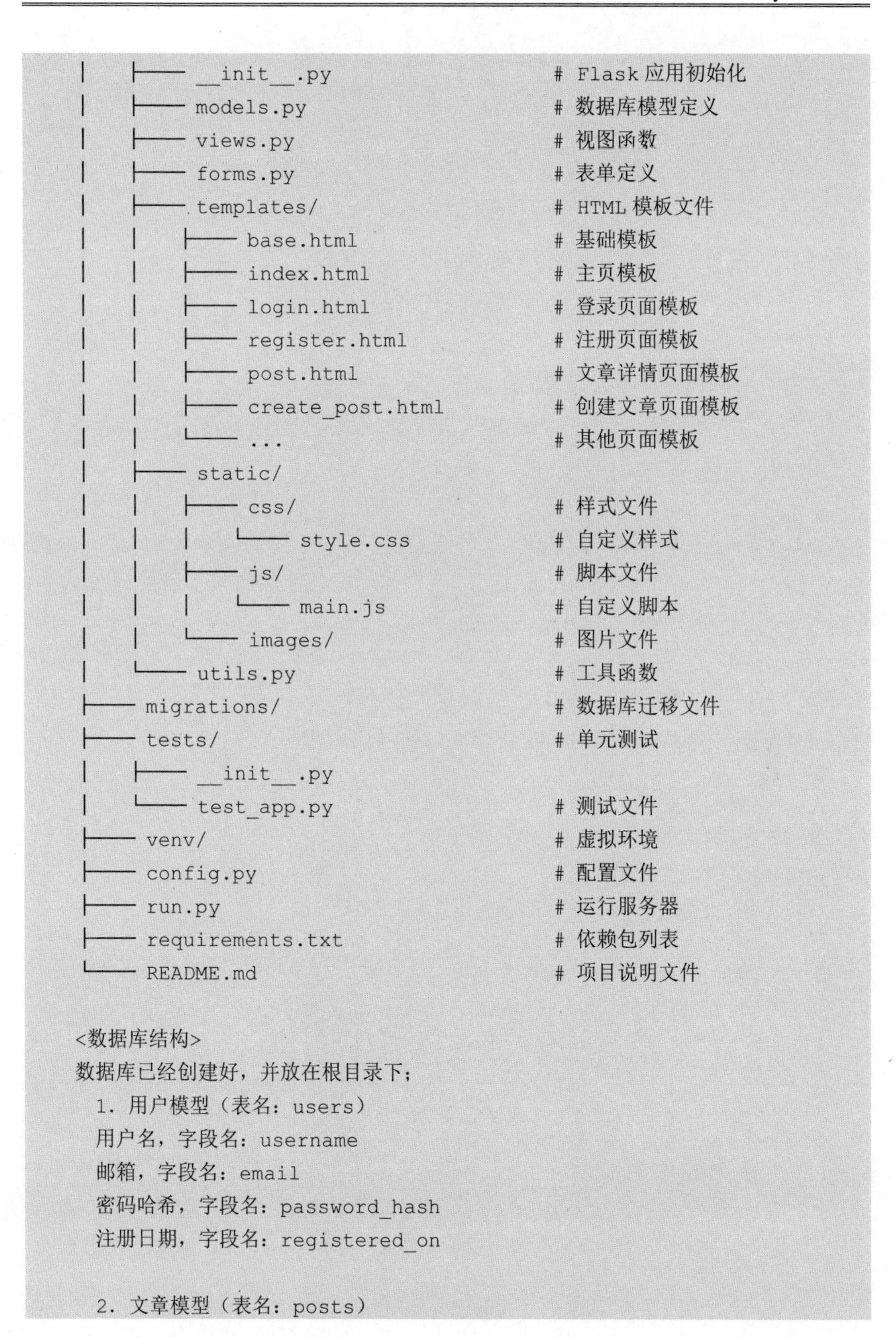

```
│   ├── __init__.py                          # Flask 应用初始化
│   ├── models.py                            # 数据库模型定义
│   ├── views.py                             # 视图函数
│   ├── forms.py                             # 表单定义
│   ├── templates/                           # HTML 模板文件
│   │   ├── base.html                        # 基础模板
│   │   ├── index.html                       # 主页模板
│   │   ├── login.html                       # 登录页面模板
│   │   ├── register.html                    # 注册页面模板
│   │   ├── post.html                        # 文章详情页面模板
│   │   ├── create_post.html                 # 创建文章页面模板
│   │   └── ...                              # 其他页面模板
│   ├── static/
│   │   ├── css/                             # 样式文件
│   │   │   └── style.css                    # 自定义样式
│   │   ├── js/                              # 脚本文件
│   │   │   └── main.js                      # 自定义脚本
│   │   └── images/                          # 图片文件
│   └── utils.py                             # 工具函数
├── migrations/                              # 数据库迁移文件
├── tests/                                   # 单元测试
│   ├── __init__.py
│   └── test_app.py                          # 测试文件
├── venv/                                    # 虚拟环境
├── config.py                                # 配置文件
├── run.py                                   # 运行服务器
├── requirements.txt                         # 依赖包列表
└── README.md                                # 项目说明文件

<数据库结构>
数据库已经创建好，并放在根目录下；
 1. 用户模型（表名：users）
 用户名，字段名：username
 邮箱，字段名：email
 密码哈希，字段名：password_hash
 注册日期，字段名：registered_on

 2. 文章模型（表名：posts）
```

```
  标题，字段名：title
  内容，字段名：content
  发布日期，字段名：date_posted
  作者 ID，字段名：author_id

  3. 评论模型（表名：comments）
  内容，字段名：content
  评论日期，字段名：date_commented
  文章 ID，字段名：post_id
  用户 ID，字段名：user_id

<任务模块>
1. 用户管理模块
注册和登录：管理用户的注册、登录和注销，确保进行用户身份验证。
用户配置：用户信息的查看和更新。

2. 文章管理模块
文章发布：文章的创建和发布。
文章编辑：已发布文章的编辑和更新。
文章删除：文章的删除。
文章查看：文章的查看，包括文章列表和详细内容。

3. 评论管理模块
评论发布：用户对文章的评论。
评论删除：评论的删除。
评论查看：评论的查看，包括按时间顺序显示评论。

4. 前端展示模块
页面布局：定义网站的整体布局和样式。
模板渲染：通过 HTML 模板渲染动态内容并展示给用户。

<任务要求>
（1）每次生成代码时，请严格按照要求完整生成，不能省略。
（2）注释必须采用中文。
（3）在生成前端代码时，注意与后端接收参数及返回值相对应，采用 JSON 格式传递。
（4）Layui 所有的 CSS/JS 文件均放置在 static 目录下。
---
接下来，你根据上面的信息，按照我的要求生成代码，明白我的意思吗？
```

```
如果明白，请回复：我明白，请告诉我要生成哪些模块的代码。
```

ChatGPT 回复：

```
我明白，请告诉我要生成哪些模块的代码。
```

用户：

```
现在开始写：用户注册页面。
请先帮我写后端的完整代码，待我问你时你再帮我写前端代码。
```

注意：若有什么要求，都可以在这里提出，特别需要强调的是 AI 很容易把一些要求遗忘，有时是需要反复提醒的。

现在，先让 AI 生成后端代码，再生成前端代码，为什么要这么呢？因为现阶段 AI 服务商并没有提供一次性输出超长文本的功能，如果我们这样输入，就会造成 AI 只给出概括性内容，并会省略大部分代码，这样对开发者是没有意义的，所以最好的方式就是分段进行。

对于先生成前端代码还是后端代码，其实都可以，只是提示词有些变化而已。

ChatGPT 回复：

```
好的，我们先从后端开始编写用户注册功能。我们将从 app/__init__.py、app/models.py、app/forms.py、app/views.py 以及 config.py 等文件入手。

1. app/__init__.py - Flask 应用初始化
from flask import Flask
from flask_sqlalchemy import SQLAlchemy
from flask_bcrypt import Bcrypt
from flask_login import LoginManager

db = SQLAlchemy()
bcrypt = Bcrypt()
login_manager = LoginManager()
login_manager.login_view = 'login'
login_manager.login_message_category = 'info'

def create_app():
    app = Flask(__name__)
    app.config['SECRET_KEY'] = 'you-will-never-guess'
```

```
    app.config['SQLALCHEMY_DATABASE_URI'] = 'sqlite:///blog.db'

    db.init_app(app)
    bcrypt.init_app(app)
    login_manager.init_app(app)

    from app.views import main
    app.register_blueprint(main)

    return app


2. app/models.py - 数据库模型定义
from datetime import datetime
from app import db, login_manager
from flask_login import UserMixin

@login_manager.user_loader
def load_user(user_id):
    return User.query.get(int(user_id))

class User(db.Model, UserMixin):
    id = db.Column(db.Integer, primary_key=True)
    username = db.Column(db.String(20), unique=True, nullable=
False)
    email = db.Column(db.String(120), unique=True, nullable=False)
    password_hash = db.Column(db.String(60), nullable=False)
    registered_on = db.Column(db.DateTime, nullable=False, default=
datetime.utcnow)
    posts = db.relationship('Post', backref='author', lazy=True)
    comments = db.relationship('Comment', backref='commenter',
lazy=True)

class Post(db.Model):
    id = db.Column(db.Integer, primary_key=True)
    title = db.Column(db.String(100), nullable=False)
    content = db.Column(db.Text, nullable=False)
    date_posted = db.Column(db.DateTime, nullable=False, default=
```

```
datetime.utcnow)
    author_id = db.Column(db.Integer, db.ForeignKey('user.id'),
nullable=False)
    comments = db.relationship('Comment', backref='post', lazy=
True)

class Comment(db.Model):
    id = db.Column(db.Integer, primary_key=True)
    content = db.Column(db.Text, nullable=False)
    date_commented = db.Column(db.DateTime, nullable=False,
default=datetime.utcnow)
    post_id = db.Column(db.Integer, db.ForeignKey('post.id'),
nullable=False)
    user_id = db.Column(db.Integer, db.ForeignKey('user.id'),
nullable=False)


3. app/forms.py - 表单定义
from flask_wtf import FlaskForm
from wtforms import StringField, PasswordField, SubmitField
from wtforms.validators import DataRequired, Length, Email,
EqualTo, ValidationError
from app.models import User

class RegistrationForm(FlaskForm):
    username = StringField('用户名', validators=[DataRequired(),
Length(min=2, max=20)])
    email = StringField('邮箱', validators=[DataRequired(), Email()])
    password = PasswordField('密码', validators=[DataRequired()])
    confirm_password = PasswordField('确认密码', validators=
[DataRequired(), EqualTo('password')])
    submit = SubmitField('注册')

    def validate_username(self, username):
        user = User.query.filter_by(username=username.data).first()
        if user:
            raise ValidationError('该用户名已存在，请选择其他用户名。')
```

```
    def validate_email(self, email):
        user = User.query.filter_by(email=email.data).first()
        if user:
            raise ValidationError('该邮箱已注册，请选择其他邮箱。')


4. app/views.py - 视图函数
from flask import Blueprint, render_template, url_for, flash,
redirect
from app import db, bcrypt
from app.forms import RegistrationForm
from app.models import User

main = Blueprint('main', __name__)

@main.route("/register", methods=['GET', 'POST'])
def register():
    form = RegistrationForm()
    if form.validate_on_submit():
        hashed_password = bcrypt.generate_password_hash
(form.password.data).decode('utf-8')
        user = User(username=form.username.data, email=
form.email.data, password_hash=hashed_password)
        db.session.add(user)
        db.session.commit()
        flash('您的账号已经创建！您现在可以登录了', 'success')
        return redirect(url_for('main.login'))
    return render_template('register.html', title='Register',
form=form)

@main.route("/login")
def login():
    # 登录逻辑稍后添加
    return "Login Page"


5. config.py - 配置文件
import os
```

```
class Config:
    SECRET_KEY = os.environ.get('SECRET_KEY') or 'you-will-never-
guess'
    SQLALCHEMY_DATABASE_URI = 'sqlite:///blog.db'


6. run.py - 运行服务器
from app import create_app

app = create_app()

if __name__ == '__main__':
    app.run(debug=True)
```

这些是后端的基本文件和代码，可以实现用户注册功能。接下来需要你确认这些代码是否符合要求，然后我们可以继续前端部分的编写。

可以看到，AI 按照我们提供的文件结构生成了代码，在这个生成示例中可以发现，AI 使用了 SQLAlchemy 库并不是之前的 sqlite3 库来操作数据库，因为这次的 Prompt 中明确指明了以 Flask 作为 Web 框架，同时我们也提供了文件结构，因此 AI 会根据文件结构进行分析，并选择它认为最佳的策略。

接下来继续写前端代码：

可以，开始写前端代码。

ChatGPT 回复：

好的，我们现在编写前端代码，包括 HTML 模板、CSS 样式以及 JavaScript 文件。

```
1. app/templates/register.html - 注册页面模板
<!DOCTYPE html>
<html lang="zh-CN">
<head>
    <meta charset="UTF-8">
    <meta name="viewport" content="width=device-width, initial-
scale=1.0">
    <title>注册</title>
    <link rel="stylesheet" href="{{ url_for('static', filename=
```

```
'css/layui.css') }}">
    <link rel="stylesheet" href="{{ url_for('static', filename=
'css/style.css') }}">
</head>
<body>
    <div class="layui-container">
        <div class="layui-row">
            <div class="layui-col-md6 layui-col-md-offset3">
                <div class="layui-card">
                    <div class="layui-card-header">注册</div>
                    <div class="layui-card-body">
                        <form method="POST" action="{{ url_for
('main.register') }}" class="layui-form">
                            {{ form.hidden_tag() }}
                            <div class="layui-form-item">
                                {{ form.username.label(class_="layui-
form-label") }}
                                <div class="layui-input-block">
                                    {{ form.username(class_="layui-
input") }}
                                </div>
                            </div>
                            <div class="layui-form-item">
                                {{ form.email.label(class_="layui-
form-label") }}
                                <div class="layui-input-block">
                                    {{ form.email(class_="layui-input") }}
                                </div>
                            </div>
                            <div class="layui-form-item">
                                {{ form.password.label(class_="layui-
form-label") }}
                                <div class="layui-input-block">
                                    {{ form.password(class_="layui-
input") }}
                                </div>
                            </div>
                            <div class="layui-form-item">
```

```
                        {{ form.confirm_password.label(class_=
"layui-form-label") }}
                        <div class="layui-input-block">
                            {{ form.confirm_password(class_=
"layui-input") }}
                        </div>
                    </div>
                    <div class="layui-form-item">
                        <div class="layui-input-block">
                            {{ form.submit(class_="layui-btn") }}
                        </div>
                    </div>
                </form>
            </div>
        </div>
        <div class="layui-card">
            <div class="layui-card-body">
                已有账号? <a href="{{ url_for('main.login') }}">
登录</a>
            </div>
        </div>
    </div>
  </div>
</div>
<script src="{{ url_for('static', filename='js/layui.js') }}">
</script>
<script src="{{ url_for('static', filename='js/main.js') }}">
</script>
</body>
</html>

2. app/static/css/style.css - 自定义样式
body {
    padding: 20px;
    background-color: #f2f2f2;
}
.layui-card {
    margin-top: 20px;
```

```
}


3. app/static/js/main.js - 自定义脚本
layui.use(['form'], function(){
    var form = layui.form;

    // 自定义验证规则
    form.verify({
        username: function(value){
            if(value.length < 2){
                return '用户名至少是 2 个字符';
            }
        },
        pass: [/(.+){6,12}$/, '密码必须是 6 到 12 位'],
        repass: function(value){
            var pass = document.querySelector('input[name=
"password"]').value;
            if(pass !== value){
                return '两次输入的密码不一致';
            }
        }
    });

    // 监听提交
    form.on('submit(formDemo)', function(data){
        layer.msg(JSON.stringify(data.field));
        return false;
    });
});


4. app/templates/base.html - 基础模板
```

为了使所有页面保持一致，我们创建一个基础模板，其他页面都会继承这个模板。

```
<!DOCTYPE html>
<html lang="zh-CN">
```

```
<head>
    <meta charset="UTF-8">
    <meta name="viewport" content="width=device-width, initial
scale=1.0">
    <title>{% block title %}{% endblock %}</title>
    <link rel="stylesheet" href="{{ url_for('static', filename=
'css/layui.css') }}">
    <link rel="stylesheet" href="{{ url_for('static', filename=
'css/style.css') }}">
</head>
<body>
    <div class="layui-container">
        {% block content %}{% endblock %}
    </div>
    <script src="{{ url_for('static', filename='js/layui.js') }}">
</script>
    <script src="{{ url_for('static', filename='js/main.js') }}">
</script>
</body>
</html>


5. 更新 register.html 以继承 base.html
{% extends "base.html" %}
{% block title %}注册{% endblock %}
{% block content %}
<div class="layui-row">
    <div class="layui-col-md6 layui-col-md-offset3">
        <div class="layui-card">
            <div class="layui-card-header">注册</div>
            <div class="layui-card-body">
                <form method="POST" action="{{ url_for
('main.register') }}" class="layui-form">
                    {{ form.hidden_tag() }}
                    <div class="layui-form-item">
                        {{ form.username.label(class_="layui-form-
label") }}
                        <div class="layui-input-block">
```

```
                        {{ form.username(class_="layui-input") }}
                    </div>
                </div>
                <div class="layui-form-item">
                    {{ form.email.label(class_="layui-form-
label") }}
                    <div class="layui-input-block">
                        {{ form.email(class_="layui-input") }}
                    </div>
                </div>
                <div class="layui-form-item">
                    {{ form.password.label(class_="layui-form-
label") }}
                    <div class="layui-input-block">
                        {{ form.password(class_="layui-input") }}
                    </div>
                </div>
                <div class="layui-form-item">
                    {{ form.confirm_password.label(class_="layui-
form-label") }}
                    <div class="layui-input-block">
                        {{ form.confirm_password(class_="layui-
input") }}
                    </div>
                </div>
                <div class="layui-form-item">
                    <div class="layui-input-block">
                        {{ form.submit(class_="layui-btn") }}
                    </div>
                </div>
            </form>
        </div>
    </div>
    <div class="layui-card">
        <div class="layui-card-body">
            已有账号？<a href="{{ url_for('main.login') }}">登录
</a>
        </div>
```

```
        </div>
    </div>
</div>
{% endblock %}
```

现在，我们已经完成了用户注册页面的前后端代码编写工作，包括 HTML 模板、CSS 样式和 JavaScript 脚本。请确认是否需要对这些代码进行任何修改，或者是否需要继续其他模块的编写。

至此，AI 便成功地生成了前后端的代码，需要注意的是，如果有自己的模板，则要先输入并告知 AI 从以上代码中修改。例如 register.html 就会先生成原始页面，然后加入 base.html 基础模板。

在上面的示例中，AI 每次回复都能覆盖多个文件的编写，并且前端是使用 Flask 框架中的 Jinja2 来进行页面渲染的。如果“小白”不懂这些代码的意思，那么可以这样问：

在上面的前端代码中，我发现多处{{ }}这样的代码，这是什么语法？又是什么意思？该怎么用？

ChatGPT 回复：

在前端代码中使用的 {{ }} 语法是 Jinja2 模板引擎的语法，Flask 默认使用这个模板引擎来渲染 HTML 文件。Jinja2 允许你在 HTML 文件中插入 Python 代码，以便在生成页面时动态插入数据。

{{ }} 和 {% %} 的用法
- {{ }}：用于插入变量或表达式的值。例如，可以插入用户的名称、显示表单字段、输出计算结果等。
- {% %}：用于控制结构，如循环和条件语句。例如，可以实现循环输出列表项、条件显示内容等。

示例解释
以下是一些常见的 Jinja2 用法示例：

```
# 插入变量
<p>欢迎，{{ username }}!</p>
```
这里，{{ username }} 会被替换为传递给模板的 username 变量的值。

```
# 循环
```

```
<ul>
{% for item in items %}
    <li>{{ item }}</li>
{% endfor %}
</ul>
```

这个循环会遍历 items 列表，并为每个 item 生成一个 <li> 元素。

```
# 条件语句
{% if user.is_authenticated %}
    <p>欢迎回来，{{ user.username }}!</p>
{% else %}
    <p>请 <a href="{{ url_for('login') }}">登录</a></p>
{% endif %}
```

这个条件语句会根据 user.is_authenticated 的值决定显示欢迎消息还是登录链接。

在注册页面中的用法

在我们之前的代码中，Jinja2 用来动态插入表单字段和处理表单提交信息：

```
<form method="POST" action="{{ url_for('main.register') }}" class=
"layui-form">
    {{ form.hidden_tag() }}
    <div class="layui-form-item">
        {{ form.username.label(class_="layui-form-label") }}
        <div class="layui-input-block">
            {{ form.username(class_="layui-input") }}
        </div>
    </div>
    <div class="layui-form-item">
        {{ form.email.label(class_="layui-form-label") }}
        <div class="layui-input-block">
            {{ form.email(class_="layui-input") }}
        </div>
    </div>
    <div class="layui-form-item">
        {{ form.password.label(class_="layui-form-label") }}
        <div class="layui-input-block">
            {{ form.password(class_="layui-input") }}
```

```
        </div>
    </div>
    <div class="layui-form-item">
        {{ form.confirm_password.label(class_="layui-form-label") }}
        <div class="layui-input-block">
            {{ form.confirm_password(class_="layui-input") }}
        </div>
    </div>
    <div class="layui-form-item">
        <div class="layui-input-block">
            {{ form.submit(class_="layui-btn") }}
        </div>
    </div>
</form>
```

- {{ url_for('main.register') }} 动态生成指向注册视图的 URL。
- {{ form.hidden_tag() }} 输出隐藏表单字段，用于防止 CSRF 攻击。
- {{ form.username.label(class_="layui-form-label") }} 和 {{ form.username(class_="layui-input") }} 分别生成表单字段的标签和输入框。

Jinja2 模板引擎通过这些动态插入和控制结构，使得前端页面能够与后端逻辑紧密结合，生成动态内容。

通过这样的方式，作为初学者的开发者就能边学边做了。有一点需要注意的是，一个会话窗口不要太长，一方面太长了 AI 会遗忘，另一方面太长的话会越来越卡顿，所以每完成一个任务后，最好新建会话窗口重新开始新的任务。

读者可按照上面这种方式去实践，因为篇幅关系这里就不再一一展示代码了。此时 AI 已经知道了整个项目的大体情况，因此不再需要设计那么复杂的 Prompt，只需要简单聊天就能生成代码了。

但在实际操作上并没有这么简单，实际项目可能复杂得多，如新建窗口之后 AI 记忆丢失、项目文件太多无法全部投喂 AI、项目开发了一半甲方突然要改变需求等，这时候该怎么办？

2．用GPTs实现文章发布与管理

假设用户注册模块已经生成，接下来要实现文章发布与管理功能。文章发布

与管理功能包括创建新文章、编辑文章、删除文章和查看文章列表。此时我们遇到一个问题：新建窗口之后，AI 记忆丢失，怎么让它延续之前的开发？

这个时候就需要用到我们前面所讲的智能体了。智能体可以减少重复输入指令的麻烦，而且它更了解你的项目，在每次完成任务之后，都可以重新投喂并修改相关提示词来达到续写的目的。接下来以个人博客开发项目为例制作 GPTs（其他智能体类同），思路如下：

- ❑ 清晰了整个技术栈，指令中要包含详细的技术栈；
- ❑ 明确风格和结构；
- ❑ 告知数据库结构；
- ❑ 投喂项目说明文档（如果有）；
- ❑ 投喂示例代码；
- ❑ 告知书写习惯和规则。

根据上面的思路，指令设计如下：

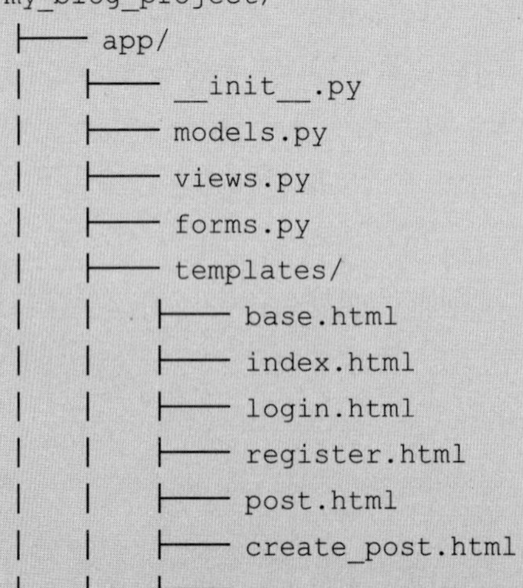

```
【任务设定】
背景：我要写一个个人中文博客程序。
角色：你是一位资深的全栈程序员，能写出完整的代码。
任务：用 Python 写一个博客程序，采用 Layui 作为前端框架、Flask 作为后端 Web
框架、SQLite 作为数据库。
【任务要求】
<文件结构>
my_blog_project/
├── app/
│   ├── __init__.py                        # Flask 应用初始化
│   ├── models.py                          # 数据库模型定义
│   ├── views.py                           # 视图函数
│   ├── forms.py                           # 表单定义
│   ├── templates/                         # HTML 模板文件
│   │   ├── base.html                      # 基础模板
│   │   ├── index.html                     # 主页模板
│   │   ├── login.html                     # 登录页面模板
│   │   ├── register.html                  # 注册页面模板
│   │   ├── post.html                      # 文章详情页面模板
│   │   ├── create_post.html               # 创建文章页面模板
│   │   └── ...                            # 其他页面模板
```

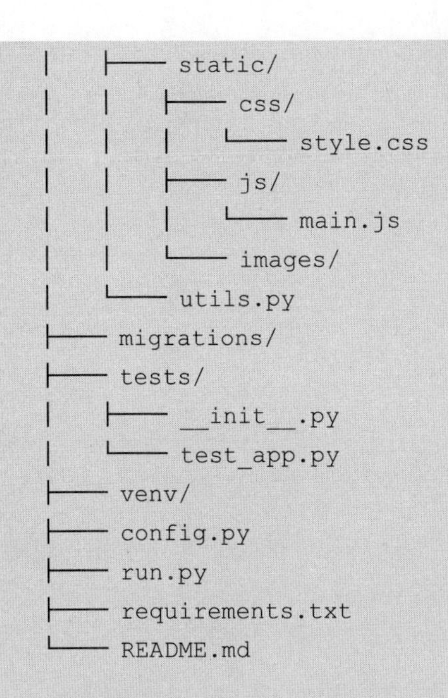

```
│   ├── static/
│   │   ├── css/                                    # 样式文件
│   │   │   └── style.css                           # 自定义样式
│   │   ├── js/                                     # 脚本文件
│   │   │   └── main.js                             # 自定义脚本
│   │   └── images/                                 # 图片文件
│   └── utils.py                                    # 工具函数
├── migrations/                                     # 数据库迁移文件
├── tests/                                          # 单元测试
│   ├── __init__.py
│   └── test_app.py                                 # 测试文件
├── venv/                                           # 虚拟环境
├── config.py                                       # 配置文件
├── run.py                                          # 运行服务器
├── requirements.txt                                # 依赖包列表
└── README.md                                       # 项目说明文件

<数据库结构>
数据库已经创建好，并放在根目录下；
1. 用户模型（表名：users）
  用户名，字段名：username
  邮箱，字段名：email
  密码哈希，字段名：password_hash
  注册日期，字段名：registered_on

2. 文章模型（表名：posts）
  标题，字段名：title
  内容，字段名：content
  发布日期，字段名：date_posted
  作者 ID，字段名：author_id

3. 评论模型（表名：comments）
  内容，字段名：content
  评论日期，字段名：date_commented
  文章 ID，字段名：post_id
  用户 ID，字段名：user_id

<任务模块>
```

```
1. 用户管理模块
注册和登录：管理用户的注册、登录和注销，确保进行用户身份验证。
用户配置：处理用户信息的查看和更新。

2. 文章管理模块
文章发布：文章的创建和发布。
文章编辑：已发布文章的编辑和更新。
文章删除：删除文章。
文章查看：查看文章，包括文章列表和详细内容。

3. 评论管理模块
评论发布：用户对文章的评论。
评论删除：删除评论。
评论查看：查看评论，包括按时间顺序显示评论。

4. 前端展示模块
页面布局：定义网站的整体布局和样式。
模板渲染：通过 HTML 模板渲染动态内容并展示给用户。

<知识库说明>
每次生成代码时，先阅读知识库文件。
知识库中的文件__init__.py、models.py、forms.py、views.py、config.py
均为已经完成的后端 Python 文件，base.html 为前端基础模板，可以套用到其他 HTML
页面。

<任务要求>
1. 每次生成代码时，请严格按照要求完整生成，不能省略。
2. 注释必须采用中文；
3. 在生成前端代码时，注意与后端接收参数及返回值相对应，采用 JSON 格式传递；
4. Layui 所有的 CSS/JS 文件均放置在 static 目录下；
```

上面这些指令与前面的差不多，只是多了知识库说明，并没有对于书写习惯的描述（如变量名称）和详细的项目说明，因为小项目其实没有这个必要，在知识库中上传代码片段就能让 AI 理解了。接下来将这些指令写入 GPTs（或其他智能体）。

（1）先设置名称并输入上面的指令，如图 4-5 所示。

图标和“对话开场白”可以不用理会，“对话开场白”是为了方便快速单击，但开发者每次对话内容不一样，因此不需要设置。

创建　配置

+

名称

个人博客代码生成器

描述

个人博客代码生成器

指令

<任务要求>
1.每次生成代码时，请严格按照要求完整生成，不能省略。
2.注释必须采用中文；
3.在生成前端代码时，注意与后端接收参数及返回值相对应，采用JSON格式传递；
4.Layui所有的CSS/JS文件均放置在static目录下；

对话开场白

×

图 4-5　GPTs 指令界面

（2）创建知识库，把关键文件上传上去。

（3）把所有功能打开，特别是代码解译器。

设置方法如图 4-6 所示。

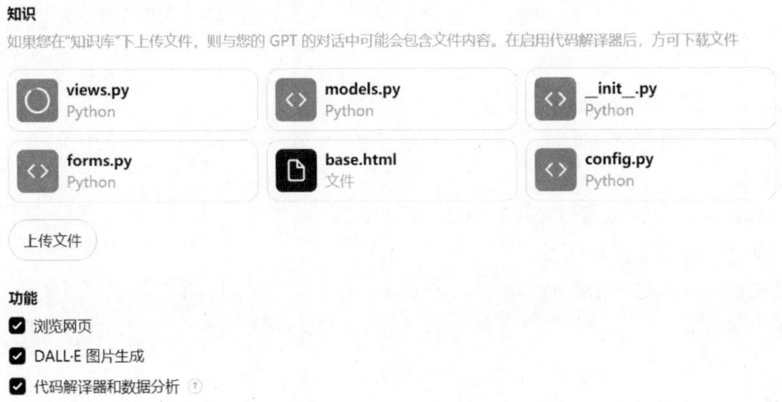

知识

如果您在"知识库"下上传文件，则与您的 GPT 的对话中可能会包含文件内容。在启用代码解译器后，方可下载文件

views.py Python
models.py Python
__init__.py Python
forms.py Python
base.html 文件
config.py Python

上传文件

功能

☑ 浏览网页
☑ DALL·E 图片生成
☑ 代码解译器和数据分析

图 4-6　GPTs 知识库界面

这样就完成了设置。接下来就可以和它对话了，如图 4-7 所示。

图 4-7　GPTs 开发界面

图 4-7 是 GPTs 的开发界面，右侧是测试对话预览，单击右上角的“创建”按钮即可完成发布。

回到正常对话界面，发起对话：

```
开始写文章发布功能
```

ChatGPT 回复：

为了实现文章发布功能，我们需要在前端和后端进行一系列的开发。以下是需要完成的步骤：

(1) 前端：创建文章发布页面。
(2) 后端：处理文章发布请求。
(3) 数据库：保存发布的文章信息。

我们将按照以下步骤来实现文章发布功能：

1. 前端：创建文章发布页面

首先，我们需要创建一个新的模板文件 create_post.html，并在其中使用 Layui 组件来构建表单。

```
# create_post.html
{% extends 'base.html' %}
```

```
{% block title %}
    创建文章
{% endblock %}

{% block content %}
<div class="layui-row">
    <div class="layui-col-md-offset-3 layui-col-md-6">
        <form class="layui-form" method="post" action="{{ url_for
('create_post') }}">
            <div class="layui-form-item">
                <label class="layui-form-label">标题</label>
                <div class="layui-input-block">
                    <input type="text" name="title" required lay-
verify="required" placeholder="请输入标题" autocomplete="off"
class="layui-input">
                </div>
            </div>

            <div class="layui-form-item layui-form-text">
                <label class="layui-form-label">内容</label>
                <div class="layui-input-block">
                    <textarea name="content" required lay-verify=
"required" placeholder="请输入内容" class="layui-textarea">
</textarea>
                </div>
            </div>

            <div class="layui-form-item">
                <div class="layui-input-block">
                    <button class="layui-btn" lay-submit lay-filter=
"create-post">提交</button>
                    <button type="reset" class="layui-btn layui-btn-
primary">重置</button>
                </div>
            </div>
        </form>
    </div>
```

```
</div>
{% endblock %}
```

2. 后端：处理文章发布请求

在 views.py 中，我们需要创建一个处理文章发布请求的视图函数。该函数将从表单接收数据，并将数据存储到数据库中。

```
# views.py
from flask import render_template, request, redirect, url_for, flash
from .models import db, Post              # 导入数据库和 Post 模型
from .forms import PostForm               # 导入文章表单
from flask_login import login_required, current_user

@app.route('/create_post', methods=['GET', 'POST'])
@login_required                           # 确保用户已登录
def create_post():
    form = PostForm()                     # 创建表单实例
    if form.validate_on_submit():
        # 创建文章实例
        new_post = Post(
            title=form.title.data,
            content=form.content.data,
            author_id=current_user.id     # 使用当前用户 ID 作为作者 ID
        )
        # 添加文章到数据库
        db.session.add(new_post)
        db.session.commit()
        flash('文章发布成功!', 'success')          # 显示成功信息
        return redirect(url_for('index'))        # 重定向到主页
    return render_template('create_post.html', form=form)
```

3. 数据库模型更新

在 models.py 文件中，Post 模型已经定义好，我们不需要进行额外的更改，但是需要确保模型中定义的字段与表单中的字段一致。

```
# models.py
from datetime import datetime
from . import db
```

```
class Post(db.Model):
    __tablename__ = 'posts'

    id = db.Column(db.Integer, primary_key=True)
    title = db.Column(db.String(100), nullable=False)  # 标题
    content = db.Column(db.Text, nullable=False)    # 内容
    # 发布时间
    date_posted = db.Column(db.DateTime, default=datetime.utcnow)
    author_id = db.Column(db.Integer, db.ForeignKey('users.id'),
nullable=False)                                     # 作者 ID

    def __repr__(self):
        return f'<Post {self.title}>'
```

4. 表单定义

在 forms.py 中，需要定义一个用于文章发布的表单类 PostForm。

```
# forms.py
from flask_wtf import FlaskForm
from wtforms import StringField, TextAreaField, SubmitField
from wtforms.validators import DataRequired

class PostForm(FlaskForm):
    title = StringField('标题', validators=[DataRequired()])
    content = TextAreaField('内容', validators=[DataRequired()])
    submit = SubmitField('提交')
```

5. 更新路由和导航

最后，需要确保应用程序中有一个入口来访问文章发布页面。

更新导航栏（在 base.html 中）

在 base.html 中的导航栏部分添加一个链接指向创建文章页面：

```
<ul class="layui-nav">
    <li class="layui-nav-item"><a href="{{ url_for('index') }}">
首页</a></li>
    <li class="layui-nav-item"><a href="{{ url_for('create_
```

```
post') }}">创建文章</a></li>
    <!-- 其他导航项 -->
</ul>

# 添加路由
确保在 views.py 中有适当的路由处理文章列表和详情：

@app.route('/')
def index():
    posts = Post.query.order_by(Post.date_posted.desc()).all()
    return render_template('index.html', posts=posts)

6. 单元测试
为了确保文章发布功能正常工作，可以在 tests/test_app.py 中添加单元测试。

# tests/test_app.py
import unittest
from app import app, db
from app.models import User, Post
from flask_login import login_user

class PostTestCase(unittest.TestCase):
    def setUp(self):
        app.config['TESTING'] = True
        app.config['SQLALCHEMY_DATABASE_URI'] = 'sqlite:///:memory:'
        self.app = app.test_client()
        db.create_all()

        # 创建测试用户
        self.user = User(username='testuser', email=
'test@example.com', password_hash='password')
        db.session.add(self.user)
        db.session.commit()

    def tearDown(self):
        db.session.remove()
        db.drop_all()
```

```
    def test_create_post(self):
        # 模拟用户登录
        with self.app.session_transaction() as session:
            session['user_id'] = self.user.id

        response = self.app.post('/create_post', data=dict(
            title='测试文章',
            content='这是一个测试文章的内容'
        ), follow_redirects=True)

        self.assertEqual(response.status_code, 200)
        self.assertIn(b'文章发布成功!', response.data)

if __name__ == '__main__':
    unittest.main()
```

总结

通过以上步骤，我们成功实现了基本的文章发布功能。用户可以通过前端页面提交文章内容，后端接收并会将其存储到数据库中，然后在首页显示已发布的文章列表。

从示例中可以看到，GPTs 现在能自动关联 base.html 文件并指明更新里面的代码模块，是不是方便很多？技术栈也不用告诉 GPTs，沟通成本降低了很多。

每次完成代码开发任务之后，若知识库中的文件有修改，则要重新上传知识库以更新最近的示例。

第 5 章　PlugLink 项目开发与应用

本章详细介绍 PlugLink 项目的开发过程及应用，其 5.1～5.3 节介绍该项目的开发过程，5.4 节介绍基于该项目的插件开发，PlugLink 是笔者采用 ChatGPT 开发的一个自动化 Python 工作流项目。本章会介绍 PlugLink 在前端和后端开发中的具体应用，然后通过插件开发和工作流配置，探讨项目优化与发布的策略，分享从中获得的实战经验。

思维能力比技术更重要。本章的学习价值不在于如何写代码和提示词，而是如何建立思维方式。

5.1　PlugLink 项目背景、需求分析与技术选型

本节主要介绍 PlugLink 研发背景和基本信息，我们将一步步了解整个项目从构思到实际开发的完整过程。

5.1.1　项目背景

PlugLink 项目的研发想法来自笔者做 AI 企业培训服务的第一家电商企业，当时笔者给这家电商企业罗列了十几种需求，这些需求看似独立但实际上可以形成一套工作流实现大幅提效，为了能迅速帮助该企业降低后续开发成本并提效，于是笔者萌生了开发一个自动化工作流工具的想法，这不仅能使笔者在 AI 企业培训的道路上增加优势，而且面向大众公开发布，从而帮助更多的人并形成自己的生态圈。

PlugLink 通过无缝链接各种 Python 脚本、API、AI 大模型等，结合 RPA 软

件，实现了全面的业务流程自动化，可以为小微企业提供一种简便、高效的自动化解决方案，也可以为个人用户提供一些办公小工具。由于 PlugLink 已完成了基础框架的开发，所以开发者只需要编写特定需求的脚本，就能与其他脚本组合成一个完整的软件，这对开发者来说无疑是降低了开发成本。

因此，PlugLink 是开源、开放的，同时也是面向开发者的一个合作邀请。GitHub 源码地址为 https://github.com/zhengqia/PlugLink。

5.1.2　需求分析

PlugLink 是一种自动化工具，旨在帮助个人和小微企业实现无缝的业务运营自动化，因此需求分析主要围绕几个关键点展开：

- PlugLink 需要支持高效且灵活的插件架构，允许用户自由链接和配置脚本、API 和 AI 大模型，以实现 24 小时不间断的自动化工作流。
- PlugLink 需具备开源特性，确保用户在使用过程中享有最大程度的自由，不受第三方平台限制。
- 易用性也是 PlugLink 的重要需求，因此它应降低技术门槛，不仅要让用户易使用，还要使新手开发者能够轻松上手，这样才能通过一个开放的生态系统实现生态共赢。

1. 高效自动化工作流

- 插件架构：PlugLink 需要提供一个灵活的插件架构，支持用户根据业务需求自由添加、移除和配置插件。每个插件能够在不同的工作流中独立运作，并可以组合成复杂的任务链。通过模块化设计，用户可以在无须更改底层代码的情况下快速调整业务流程。
- 工作流配置能力：PlugLink 应具备强大的工作流自动化能力，支持用户设计和管理复杂的工作流。这包括定时执行、条件触发和多步骤任务设置，使用户能够根据具体业务需求创建灵活的自动化流程。

根据构思，笔者早期用 Mockplus 画了一个简易的原型图，如图 5-1 所示。

这是 PlugLink 早期的一张原型图，用于梳理整个逻辑，其实到后期基本用不着了。因为 PlugLink 是由笔者一个人开发的，单人作战与团队作战不同，团队有沟通成本，但个人是没有的，想到什么就做什么，所以相对简单。

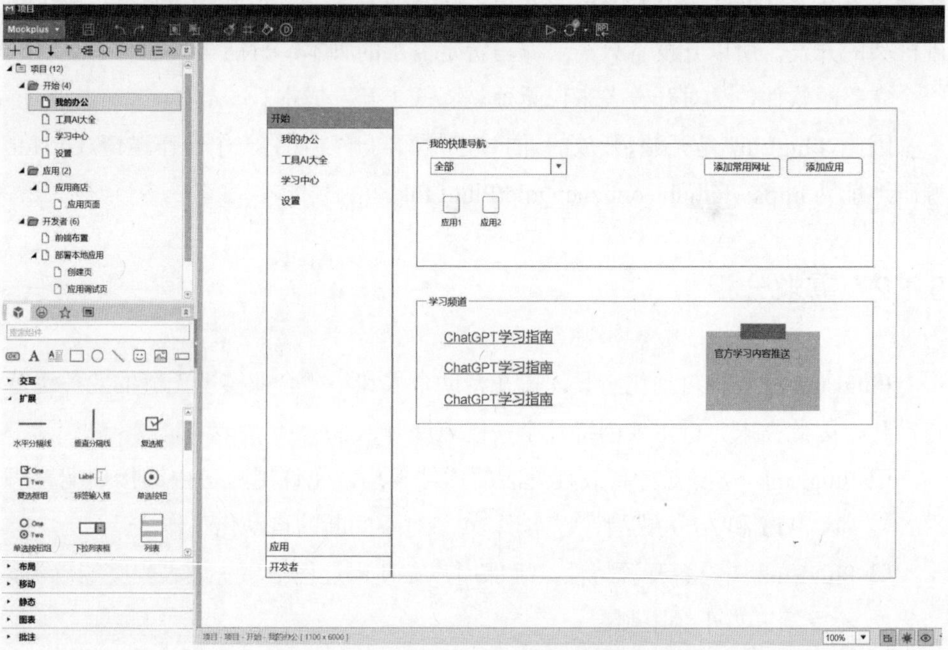

图 5-1 PlugLink 早期原型

2. 开源与自由

- 开源特性：PlugLink 作为一个开源项目，需要确保用户在开发和部署过程中享有高度的自由。用户可以根据自身需求对代码进行修改和扩展，无须担心受到第三方平台的限制。这种开源特性不仅增强了用户的控制能力，还鼓励社区的贡献和创新。
- 生态系统与合作：PlugLink 致力于打造一个开放合作的生态系统，鼓励开发者、企业和教育机构共同参与。通过共享资源和知识库，PlugLink 可以为所有参与者创造更多的商业机会和合作可能。

3. 易用性与用户体验

- 低技术门槛：为了吸引更多的个人用户和小微企业，PlugLink 需要具备易用性，降低技术门槛。通过直观的用户界面和简单的配置流程，用户可以轻松上手并迅速实现自动化操作。

- 用户界面与体验（UI/UX）：PlugLink 需要提供一个易于操作的用户界面，支持拖曳和实时预览功能，提升用户体验。良好的 UI 设计可以帮助用户在短时间内掌握工具的使用，并优化操作效率。

4. 安全性与稳定性

- 数据安全：在处理敏感数据时，PlugLink 需要提供完善的数据加密和保护措施，确保用户信息的安全性。通过严格的权限管理和访问控制，PlugLink 可以有效防止未经授权的访问和数据泄露。
- 系统稳定性：PlugLink 需要具备高效的系统稳定性，支持在多平台下运行，包括 Windows、macOS 和 Linux。稳定的系统性能可以确保用户能够在各种环境下实现无缝自动化操作。

通过全面的需求分析，PlugLink 可以为用户提供强大、灵活和安全的自动化解决方案，助力企业和个人在数字化时代实现更高的效率和创新能力。

5.1.3　技术选型

在构建 PlugLink 的过程中，技术选型是决定项目成功与否的关键因素，一方面要考虑自己作为开发者的投入成本（如时间、精力）以及自己能够驾驭的技术，另一方面要考虑其他开发者是否容易上手以及未来是否有发展空间。对于新手来说就会陷入一系列纠结当中。

那么怎么办呢？其实有一个很简单的方法，就是对于大部分项目而言（特别是个人做的项目），在没正式开始之前要尽量选择开发周期较短的路径，降低学习成本，能满足程序的基本功能即可，不要一开始就投入很大的精力去试错，这样才能更容易出成果，让自己一步步走下去。

PlugLink 在技术选型上也遵循了这个原则：

- 前端：Layui 框架。Layui 是一个轻量级的 UI 框架，提供了丰富的组件和模块，使开发者能够快速搭建用户界面。Layui 的设计简洁直观，易于上手，能够显著提升用户交互体验。同时，其模块化结构支持开发者灵活地进行页面布局和功能扩展，非常适合 PlugLink 这样的开源项目。

- 后端：Flask。Flask 是一个轻量级且易上手的 Web 框架，提供了足够的灵活性和强大的功能来快速构建 Web 应用。Flask 的可扩展性使得开发者能够在基础框架上进行深度定制，增加所需的功能模块。其简单的路由和模板系统便于开发者组织代码和逻辑结构，有效缩短了开发周期。
- 数据库：SQLite。因 SQLite 轻量级和高效的特性，特别适合中小型应用的数据存储需求。SQLite 是一个自包含的、无服务器的数据库引擎，具有简单易用、配置少的优点，不需要烦琐的安装和配置过程，极大地降低了开发和维护成本。其 ACID 事务支持和完整的 SQL 实现使开发者能够在有限的资源条件下实现复杂的数据操作。

这些技术不仅降低了开发者的入门门槛，也提供了足够的灵活性来应对未来可能的变化和扩展。这样的技术选型，使 PlugLink 能够以较低的成本快速迭代，满足用户需求，并为新手开发者提供一个良好的起点。

5.2 PlugLink 项目规划

本节详细介绍 PlugLink 项目规划与实施方法的相关内容，包括文件结构、数据库表和字段的设计，以及 API 文件的规划，并展示一个典型的文件结构。然后探讨数据库设计对系统性能和扩展性的影响，并提供核心数据库表的规划细节。最后详细介绍 PlugLink 项目中 API 文件的结构和功能，包括获取基路径、事件测试、信息打印和运行连接函数等。项目规划和设计方法为 PlugLink 项目的顺利实施和发展奠定了坚实的基础。

5.2.1 文件结构规划

在软件开发过程中，规划合理的文件结构是项目成功的关键步骤。良好的文件结构能够提高代码的可读性、可维护性和可扩展性，帮助开发者更高效地管理代码，减少出错率。在 PlugLink 项目中，文件结构的规划更是至关重要，因为该项目涉及多个模块、复杂的逻辑和多样化的需求，并且还要便于后面的开发者理解。

1. 文件结构的重要性

在开发 PlugLink 系统时，合理的文件结构规划具有以下优势：

- 提高可读性：清晰的文件结构可以让开发者和维护人员快速理解代码结构和逻辑。
- 简化协作：不同的开发团队成员可以在明确的目录结构下协同工作，减少代码冲突。
- 增强可维护性：清晰的文件结构有助于快速定位问题文件或模块，提升系统修复和优化的效率。
- 支持扩展性：模块化的文件结构方便未来进行功能扩展和系统升级。

2. PlugLink项目的文件结构规划

在 PlugLink 项目中，文件结构采用模块化和层次化的设计方式，以支持项目的可维护性和可扩展性。以下是一个典型的文件结构示例：

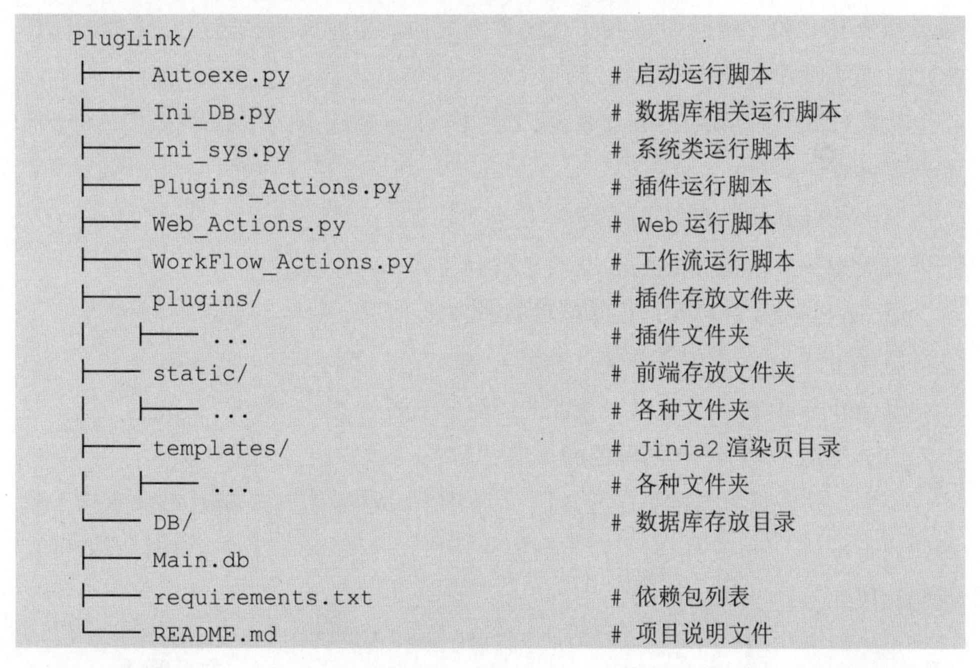

```
PlugLink/
├── Autoexe.py                          # 启动运行脚本
├── Ini_DB.py                           # 数据库相关运行脚本
├── Ini_sys.py                          # 系统类运行脚本
├── Plugins_Actions.py                  # 插件运行脚本
├── Web_Actions.py                      # Web 运行脚本
├── WorkFlow_Actions.py                 # 工作流运行脚本
├── plugins/                            # 插件存放文件夹
|   ├── ...                             # 插件文件夹
├── static/                             # 前端存放文件夹
|   ├── ...                             # 各种文件夹
├── templates/                          # Jinja2 渲染页目录
|   ├── ...                             # 各种文件夹
└── DB/                                 # 数据库存放目录
├── Main.db
├── requirements.txt                    # 依赖包列表
└── README.md                           # 项目说明文件
```

从上面的目录中可以看出，每个文件及文件夹都有归类且独立的作用域，其他开发者若要进行二次开发就比较清楚了。一些未明确的项目在开发时开发者刚开始不一定能非常明晰文件结构，因此需要一边做一边微调结构，所有的文件名标识必须统一，如上面的_Actions 结尾，代表运行文件。

3．文件结构规划的基本原则

- 模块化设计：将系统功能拆分为独立模块，减少代码耦合，增强系统可维护性。
- 一致性命名：采用一致的命名规范，确保文件和目录的名称清晰、易懂。
- 配置与代码分离：将配置文件与代码分开存放，方便管理和进行环境切换。
- 版本控制：使用 Git 等版本控制工具，跟踪文件变更，保障代码安全。

5.2.2 数据库表和字段的规划

数据库的设计直接影响系统的性能、稳定性和扩展性，根据项目需求，笔者在 PlugLink 的 SQLite 数据库中定义了多张数据库表，每张表都为特定的功能模块提供支持。本节将结合已有的代码详细规划数据库表和字段，并探讨如何在 SQLite 数据库中实现这些结构。

数据库的代码都放在 ini_DB.py 文件中，PlugLink 项目当前涉及以下几个核心数据库表。

- MyPlugins：存储插件的基本信息。
- MyFast：管理 PlugLink 插件的快捷方式。
- MyPlugins_HTML：记录插件的 HTML 信息。
- WorkFlow：定义工作流（父流）。
- sub_WorkFlow：定义工作流的子流。
- AIURL：存储 AI 网址的相关信息。

上面这些数据库表都是在开发过程中逐步形成的，如果在 GitHub 中直接下载源码则是不包含.db 文件的，即没有数据库，因为数据库是在代码运行时才创建的，代码片段如下：

```
DB_DIR = 'DB'
DB_FILE = 'Main.db'
# db_path = os.path.join(DB_DIR, DB_FILE)
```

```
db_path = get_base_path('DB\Main.db')

def Ini_Data():
    # 检查 DB 目录是否存在，如果不存在则创建
    if not os.path.exists(get_base_path(DB_DIR)):
        os.makedirs(DB_DIR)
    update_MyFast_db()                      # 我的快捷方式
    update_MyPlugins_db()                   # 初始化我的插件
    update_WorkFlow_db()                    # 初始化工作流_父流
    update_sub_WorkFlow_db()                # 初始化工作流_子流
    ex_to_sqlite_is_AIxlx()                 # 初始化 AI 网址
```

每次运行时都会先检测是否有数据库文件，如果没有则创建，代码片段如下：

```
#初始化我的插件
def update_MyPlugins_db():

    # 创建或打开数据库文件的完整路径
    conn = sqlite3.connect(db_path)

    # 检查并更新数据库结构
    table_name = 'MyPlugins'
    fields = {
        'ID': 'INTEGER NOT NULL PRIMARY KEY AUTOINCREMENT',
        'UserID': 'INTEGER DEFAULT 0',
        'PlugDir': 'TEXT',                          # 插件目录
        'PlugName': 'TEXT',                         # 插件名称
        'ICO': 'TEXT',                              # 插件图标
        'PlugHTML': 'TEXT',                         # HTML 主引导页
        'Ver': 'TEXT',                              # 版本号
        'PlugDes': 'TEXT',                          # 插件说明
        'VerDes': 'TEXT',                           # 版本说明
        'help': 'TEXT',                             # 帮助
        'author': 'TEXT',                           # 作者
        'comname': 'TEXT',                          # 公司名
        'website': 'TEXT',                          # 网址
        'uplink': 'TEXT',                           # 升级链接
        'CreDate': 'TEXT',                          # 创建日期
        'UbDate': 'TEXT',                           # 使用日期
```

```
        'Utimes': 'INTEGER NOT NULL DEFAULT 0',     # 使用次数
        #'Developer': 'INTEGER NOT NULL DEFAULT 0',是否为开发者
        'APIDes': 'TEXT',                           # API 接口说明
        'uploadDir': 'TEXT',                        # 临时文件夹
        'Keypass': 'TEXT',                          # 唯一密钥
    }
    check_and_update_db_structure(conn, table_name, fields)

    # 完成后关闭连接
    conn.close()
```

如果数据库存在，但发现字段有变化则自动更新，代码片段如下：

```
# 创建数据库表和字段
def check_and_update_db_structure(conn, table_name, fields):

    # 检查并更新数据库结构
    # 如果表不存在则创建新表
    # 如果表已经存在但缺少字段则添加这些字段

    c = conn.cursor()

    # 检查表是否存在
    c.execute(f"SELECT name FROM sqlite_master WHERE type='table'
AND name='{table_name}';")
    if c.fetchone() is None:
        # 如果表不存在则创建表
        fields_str = ', '.join([f"{name} {type}" for name, type in
fields.items()])
        c.execute(f"CREATE TABLE {table_name} ({fields_str})")
        print(f"表 '{table_name}' 已创建。")
    else:
        # 如果表已经存在则检查所有字段是否存在，如果某个字段不存在则添加
        for field_name, field_type in fields.items():
            c.execute(f"PRAGMA table_info({table_name})")
            columns = [info[1] for info in c.fetchall()]
            if field_name not in columns:
                c.execute(f"ALTER TABLE {table_name} ADD COLUMN
{field_name} {field_type}")
```

```
                print(f"字段 '{field_name}' 已添加到表 '{table_name}'。")

    conn.commit()
```

以上是基本配置代码，其他数据库操作函数都在 ini_DB.py 文件里，这里不再一一赘述。

5.2.3　API 文件的规划

在 PlugLink 中，API 文件规划和设计是系统架构的核心部分，通过定义 API 来实现插件的启动、连接测试及其他核心功能。API 不仅为系统的内部模块提供接口，也为外部应用提供服务。因此，API 文件的设计需要具备良好的扩展性、可读性和可维护性。

本节基于笔者提供的 api.py 代码，详细讲解如何规划 API 文件，重点介绍如何通过调整 start_vidsimdtion(True)函数来适应不同的功能需求。

1．API设计的重要性

一个良好的 API 设计不仅可以加速开发进程，还能提升系统的可扩展性和用户体验。API 设计的主要目标包括：

- 一致性：确保所有接口遵循统一的设计规范，方便开发和维护。
- 扩展性：API 应支持未来的功能扩展，避免频繁地进行代码重构。
- 可读性：代码结构清晰，接口易于理解和使用。
- 安全性：通过适当的认证和授权机制，确保数据和操作的安全性。

2．PlugLink项目的API结构设计

PlugLink 项目的 API 文件 api.py 包含多个核心函数，负责插件的启动和连接测试。以下是 API 的结构设计和详细说明：

```
import sys
import os
import time
from plugins.YourPlugins.main import start_YourPlugins
```

```
    def get_base_path(subdir=None):
        if getattr(sys, 'frozen', False):
            # 如果应用程序被打包为单一文件
            base_path = sys._MEIPASS
            # 此处第 3 个值要修改
            base_path = os.path.join(base_path, 'plugins', YourPlugins)
        else:
            # 正常执行时使用文件的当前路径
            base_path = os.path.dirname(os.path.abspath(__file__))
        # 如果指定了子目录，则将其追加到基路径
        if subdir:
            base_path = os.path.join(base_path, subdir)

        return base_path

# 事件测试
def test_connection(pluginname):
    result = f"{pluginname} (来自 API:{pluginname}消息)脚本测试..."
    return result

# 这是测试函数
def print_messages():
    for i in range(5):                    # 假设要打印 5 条信息
        print(f"信息{i}: 这是第 {i} 条信息")
        time.sleep(1)                     # 暂停 1 秒

def Runconn(plugin_name, Bfun=True):
    try:
        if Bfun:
            print(f'(来自 API:{plugin_name}消息)Executing
test_connection().')
            result = test_connection(plugin_name)
            print(result)
            return True, f'{plugin_name}测试脚本执行成功'
        else:
            # 在这里运行插件代码(输入你的主函数即可)
            print(f'(来自 API:{plugin_name}消息) Executing
start_YourPlugins(True).')
```

```
            start_YourPlugins(True)
            #print_messages()
            return True, f'{plugin_name}脚本执行完成'

    except Exception as e:
        return False, f"执行过程中出现异常：{str(e)}"
```

3. 代码功能与模块解析

1）获取基路径函数 get_base_path

功能：根据程序运行环境（单一文件或正常模式）获取基路径。

使用场景：根据不同的运行环境设定插件或文件的基路径，适应多种部署环境。

代码如下：

```
def get_base_path(subdir=None):
    if getattr(sys, 'frozen', False):
        base_path = sys._MEIPASS
        # 此处第 3 个值要修改
        base_path = os.path.join(base_path, 'plugins', YourPlugins)
    else:
        base_path = os.path.dirname(os.path.abspath(__file__))
    if subdir:
        base_path = os.path.join(base_path, subdir)
    return base_path
```

重点：读者可以根据需求修改 base_path 的子目录路径，以适应不同的插件或功能需求。

2）事件测试函数 test_connection

功能：测试插件的连接性，返回包含插件名称的测试消息。

使用场景：用于验证插件的基本连接性，确保插件能够正常通信。

代码如下：

```
def test_connection(pluginname):
    result = f"{pluginname} (来自 API:{pluginname}消息)脚本测试..."
    return result
```

3）信息打印函数 print_messages

功能：循环打印消息，用于测试或调试。

使用场景：调试过程中用于模拟打印输出，验证程序的执行流程。

代码如下：

```
def print_messages():
    for i in range(5):
        print(f"信息{i}: 这是第 {i} 条信息")
        time.sleep(1)
```

4）运行连接函数 Runconn

功能：执行插件测试或启动插件的主功能。

使用场景：提供测试和实际功能执行的入口，根据传入的参数决定执行路径。

代码如下：

```
def Runconn(plugin_name, Bfun=True):
    try:
        if Bfun:
            print(f'(来自 API:{plugin_name}消息)Executing
test_connection().')
            result = test_connection(plugin_name)
            print(result)
            return True, f'{plugin_name}测试脚本执行成功'
        else:
            print(f'(来自 API:{plugin_name}消息)Executing
start_YourPlugins(True).')
            start_YourPlugins(True)
            return True, f'{plugin_name}脚本执行完成'

    except Exception as e:
        return False, f"执行过程中出现异常: {str(e)}"
```

需要说明的有以下两项：

- Bfun 参数决定 Runconn 函数的执行路径，当其为 True 时执行连接测试，为 False 时执行插件主功能。
- 使用 start_YourPlugins(True)函数启动插件的主功能，把插件运行过程封装成一个函数，在此处替换成你的运行函数即可。

5.3　PlugLink 项目实施

笔者是从前端开始生成代码的，为什么要从前端开始呢？如前面所说，PlugLink 是由个人而非团队协作开发，也不是早期就能确立的标准化系统，虽然前面已经设计好原型图，但实际交互时可能会因实际情况而改变原来的想法，因此从前端开始可以在实践中纠正一些错误的交互逻辑。因为前端界面是用户与系统直接交互的入口，从用户层面出发来设计和构思整个应用程序的功能和用户体验，这种自顶向下的方法不仅可以确保产品符合用户需求，还可以作为开发后端和数据库设计的指南。

下面以 PlugLink 项目为例详细介绍如何从前端生成代码并扩展到后端的具体思路，因为生成 PlugLink 的代码篇幅较长，所以本节只提供代码和提示词交互部分，对话逻辑的学习可参考前面的章节。

5.3.1　生成代码

第一次用 AI 生成代码时，在思路不清晰的情况下可以先不制作智能体，采用常规对话的方式反而可以让 AI 发现更多的解决方案，这对于新手的学习非常有帮助。

先从首页开始着手生成代码，将 static\views\my\目录下的 console.html 文件上传到 ChatGPT 中，这个文件包含添加网址、添加插件、展示快捷方式列表等功能，如图 5-2 所示。

因为之前已经设计好数据库的 MyFast 表，我们先让这个页面的内容显示出来，以下是提示词：

```
请先阅读附件中的 HTML 代码。
请帮我写代码。前端是 Layui 框架，后端是 Python，后端 Web 使用 Flask 框架，数据库是 SQLite（数据库路径设置为变量 db_path），你先帮我写前端代码，待我问你时再帮我写 Python 后端代码。
<数据库字段>
标题=title
```

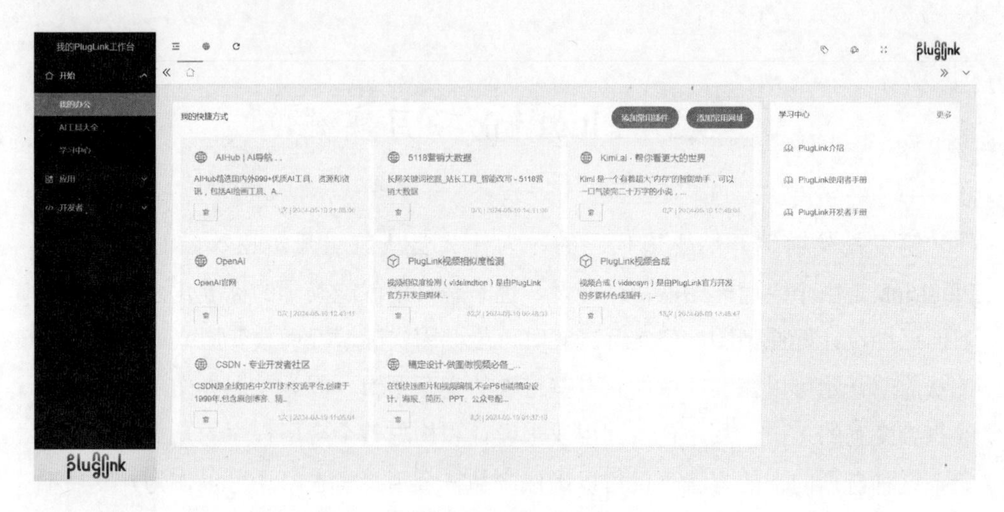

图 5-2　PlugLink 首页

```
描述=Des
URL=URL
次数=Utimes
日期=UbDate
<要求>
要读取数据库表 MyFast 中的所有数据，并采用 Jinja2 渲染方式循环加载到以下前端
代码模块中：
    <div class="layui-col-xs12 layui-col-sm4">
        <div class="layuiadmin-card-text">
            <div class="layui-text-top">
                <i class="layui-icon"></i>
                <a href="【URL】" target="_blank" class="utimes-link">
                    【标题】
                </a>
            </div>
            <p class="layui-text-center">
                【描述】
            </p>
            <p class="layui-text-bottom">
                    <button type="button" class="layui-btn layui-
btn-sm layui-btn-primary del-fast">
                        <i class="layui-icon layui-icon-delete"></i>
                    </button>
```

```
                <span>【次数】次 | 【日期】</span>
            </p>
        </div>
    </div>
```

可以看到，虽然提示词不规范，基本上是用较为口语化的方式进行对话，不过已经做了非常清晰的定向，并且告知了技术栈、数据库地址变量和字段对应的名称等信息。例如，要采用 Jinja2 渲染页面，如果没有这个定向，那么生成的可能是 JavaScript 代码。

这次又有一个新的知识点：指定变量。例如，数据库字段设定如下：

```
<数据库字段>
标题=title
描述=Des
URL=URL
次数=Utimes
日期=UbDate
```

因为这是新的对话窗口，所以 AI 不知道数据库字段名称，这时可以采用这种方式告 AI 字段名称及其作用，并在代码中用【】标识出来，以免与页面其他文字混淆，方便 AI 自动识别并一一匹配。

以下是 AI 的回复，包含生成的 Jinja2 代码。

```
这是使用 Layui 框架的前端代码，结合 Flask 的 Jinja2 模板引擎动态加载数据库中的数据。下面的代码会从数据库中获取数据，并将其渲染到前端的 dataDisplaySection 中。

 前端代码（使用 Jinja2 渲染数据）：

<div class="layui-fluid">
    <div class="layui-row layui-col-space15">
        <div class="layui-col-md9">
            <div class="layui-card">
                <div class="layui-card-header" style="display: flex;
align-items: center; justify-content: space-between; height:
50px;">
                    <span>我的快捷方式</span>
                    <div>
                        <button type="button" class="layui-btn layui-
```

```
btn-radius" onclick="goToAddApp()">添加常用插件</button>
                    <button type="button" class="layui-btn layui-
btn-normal layui-btn-radius" lay-on="test-page-custom">添加常用网址
</button>
                </div>
            </div>

            <div class="layui-card-body">
                <div class="layui-row layui-col-space10" id=
"dataDisplaySection">

                    {% for item in data %}
                    <div class="layui-col-xs12 layui-col-sm4">
                        <div class="layuiadmin-card-text">
                            <div class="layui-text-top">
                                <i class="layui-icon"></i>
                                <a href="{{ item.URL }}" target=
"_blank" class="utimes-link" data-id="{{ item.id }}">
                                    {{ item.title }}
                                </a>
                            </div>
                            <p class="layui-text-center">
                                {{ item.Des }}
                            </p>
                            <p class="layui-text-bottom">
                                <button type="button" class="layui-
btn layui-btn-sm layui-btn-primary del-fast" data-id="{{ item.id }}">
                                    <i class="layui-icon layui-icon-
delete"></i>
                                </button>
                                <span>{{ item.Utimes }}次 | {{ item.UbDate }}
</span>
                            </p>
                        </div>
                    </div>
                    {% endfor %}

                </div>
```

```
                </div>
            </div>
        </div>
    </div>
</div>
```

代码说明：

（1）数据循环：使用 Jinja2 的{% for item in data %}语法循环遍历从数据库中获取的记录，并将每条记录的数据插入对应的 HTML 标签中。

（2）URL 和标题：{{ item.URL }}用于动态生成 URL，{{ item.title }}用于显示标题，单击标题后会跳转到对应的 URL。

（3）描述、次数和日期：{{ item.Des }}是描述，{{ item.Utimes }}是访问次数，{{ item.UbDate }}是日期。

此代码段可以直接插入你的 HTML 文件中，后端在提供数据时会通过 Flask 的 render_template 方法进行渲染。当你准备好了后端代码时，我可以继续为你编写后端逻辑。

这样我们就完成了 Jinja2 渲染页面的代码，接下来，console.html 页是需要插入代码的，因为 Jinja2 是独立一个页面，在 PlugLink 中，Jinja2 放置在 templates 目录下，而不在 static 目录下，这遵循了 Flask 框架默认的目录规则。

那么，什么是 Jinja2 呢？不用自己去想了，直接问 AI：

请解释一下什么是 Jinja2，我是小白，为什么 console.html 页还需要插件代码？

ChatGPT 回复：

什么是 Jinja2？

Jinja2 是一个 Python 语言的模板引擎，它允许你将动态的数据插入静态的 HTML 文件中。换句话说，Jinja2 可以让我们在生成 HTML 页面时通过插入 Python 变量、条件判断和循环来动态生成内容。

举个简单的例子：

假设你有一个列表包含文章标题、链接等内容：

```
python
data = [
```

```
    {"title": "文章 1", "url": "https://example.com/1"},
    {"title": "文章 2", "url": "https://example.com/2"},
]
```

在 Jinja2 中，你可以通过如下方式将这些数据动态地插入 HTML 页面中：

```html
<ul>
    {% for item in data %}
        <li><a href="{{ item.url }}">{{ item.title }}</a></li>
    {% endfor %}
</ul>
```

当页面加载时，Jinja2 会把 Python 代码 {{ item.title }} 替换成相应的数据，最终生成的 HTML 可能是这样的：

```
<ul>
    <li><a href="https://example.com/1">文章 1</a></li>
    <li><a href="https://example.com/2">文章 2</a></li>
</ul>
```

这种方法能够轻松地将后端数据展示在前端页面中。

为什么 console.html 页需要插件代码？

1. 数据的动态加载

虽然 Jinja2 可以帮助你在页面首次加载时渲染数据，但是在页面运行过程中，用户可能会添加、删除或者更新数据。因此，页面需要具备动态加载数据的能力，这就需要通过 AJAX （一种可以在页面不刷新时与服务器进行通信的技术）来实现。

2. 交互功能

单击页面上的按钮如“删除”按钮，需要实现用户与页面进行交互的功能（如单击“删除”按钮后删除某项数据）。为了实现这项功能，除了页面本身的布局，还需要通过 JavaScript （配合 Layui 框架）实现逻辑控制。这些操作一般通过插件（如 Layui 的 layer 弹窗）来处理用户确认和提示操作等。

```
3. 页面自动刷新数据
   页面首次加载时，Jinja2 会插入数据，如果页面数据发生变化（如用户删除了一条
记录），我们希望前端可以立即反映出这些变化。这就需要通过 AJAX 请求后端来更新页
面内容，而不用刷新整个页面。Layui 提供了相应的组件来实现这些交互。

# 具体原因

- 插件代码（layui 和 AJAX）：让页面具备动态加载和交互能力，用户可以通过单击按
钮或其他操作即时更新数据，而不用刷新整个页面。
- Jinja2 模板引擎：用于在页面初次加载时将后端数据动态插入 HTML 中。

因此，console.html 页面需要一些额外的插件代码和 AJAX 处理逻辑，这样页面既
可以通过 Jinja2 进行初次渲染，又可以通过插件动态更新数据。
```

对于以上 AI 的回答是否满意呢？如果还有什么问题，可以继续问它。让 AI 写代码不仅可以完成超出自己能力范围的事，还能在这个过程中向它学习。

前端代码完成之后，接下来就生成后端代码：

```
好了，接下来帮我生成后端的代码。
```

ChatGPT 回复：

```
好的，下面是使用 Flask 框架和 SQLite 数据库的后端代码。该代码处理前端请求，
包括从数据库读取数据、删除记录，以及响应前端的 AJAX 请求。

 1. Flask 后端代码

python
from flask import Flask, render_template, request, jsonify
import sqlite3
from datetime import datetime

app = Flask(__name__)

# 设置 SQLite 数据库路径
db_path = 'your_database_path.db'       # 请替换为实际的数据库路径

# 数据库查询函数
def query_db(query, args=(), one=False):
```

```
    conn = sqlite3.connect(db_path)
    cur = conn.cursor()
    cur.execute(query, args)
    rv = cur.fetchall()
    conn.close()
    return (rv[0] if rv else None) if one else rv

# 数据库操作函数
def execute_db(query, args=()):
    conn = sqlite3.connect(db_path)
    cur = conn.cursor()
    cur.execute(query, args)
    conn.commit()
    conn.close()

# 首页，使用 Jinja2 渲染
@app.route('/')
def index():
    # 从数据库中获取所有数据
    data = query_db('SELECT id, title, Des, URL, Utimes, UbDate FROM
MyFast')

    # 将数据传递给前端页面
    return render_template('console.html', data=data)

# 处理删除请求
@app.route('/', methods=['POST'])
def handle_request():
    req_data = request.get_json()

    # 删除快捷方式
    if req_data['action'] == 'del_fast':
        item_id = req_data['id']
        execute_db('DELETE FROM MyFast WHERE id = ?', (item_id,))
        return jsonify({"status": "success"})

    # 单击快捷方式时更新单击次数
```

```
    elif req_data['action'] == 'utimes':
        item_id = req_data['id']
        # 更新单击次数
        execute_db('UPDATE MyFast SET Utimes = Utimes + 1 WHERE id
= ?', (item_id,))
        return jsonify({"status": "success"})

    # 获取数据时返回 HTML 片段
    elif req_data['action'] == 'fetch_myfast':
        data = query_db('SELECT id, title, Des, URL, Utimes, UbDate
FROM MyFast')
        # 生成需要的 HTML 片段
        html_content = ""
        for item in data:
            html_content += f"""
            <div class="layui-col-xs12 layui-col-sm4">
                <div class="layuiadmin-card-text">
                    <div class="layui-text-top">
                        <i class="layui-icon"></i>
                        <a href="{item[3]}" target="_blank" class=
"utimes-link" data-id="{item[0]}">
                            {item[1]}
                        </a>
                    </div>
                    <p class="layui-text-center">
                        {item[2]}
                    </p>
                    <p class="layui-text-bottom">
                        <button type="button" class="layui-btn
layui-btn-sm layui-btn-primary del-fast" data-id="{item[0]}">
                            <i class="layui-icon layui-icon-delete">
</i>
                        </button>
                        <span>{item[4]}次 | {item[5]}</span>
                    </p>
                </div>
            </div>
            """
```

```
        return html_content

    return jsonify({"status": "unknown request"})

if __name__ == '__main__':
    app.run(debug=True)
```

2. 代码说明

(1) 数据库查询和执行函数：
- query_db：用于查询数据库并返回结果。
- execute_db：用于执行数据库的插入、更新或删除操作。

(2) / 路由：
- 当用户访问首页时，后端会查询数据库中的数据并使用 Jinja2 模板引擎渲染 console.html 页面，然后将数据传递到前端。

(3) POST 请求处理：
- 删除数据：接收删除按钮的 AJAX 请求，根据 ID 从数据库删除对应的数据。
- 更新单击次数：当用户单击快捷方式时，更新数据库中的 Utimes 字段。
- 获取数据库中的数据：当页面加载时，AJAX 请求会获取所有快捷方式的数据，并将其转换为 HTML 片段，然后返回给前端动态渲染。

3. 数据库表结构

确保你的 SQLite 数据库有一个名为 MyFast 的表，结构与下面类似：

```
CREATE TABLE MyFast (
    id INTEGER PRIMARY KEY AUTOINCREMENT,
    title TEXT NOT NULL,
    Des TEXT,
    URL TEXT,
    Utimes INTEGER DEFAULT 0,
    UbDate TEXT
);
```

4. 后续步骤

（1）将数据库路径替换为实际的 `db_path`。
（2）确保前端和后端通信正常，前端按钮事件能够正确触发后端的 `AJAX` 请求。
（3）启动 `Flask` 应用并测试。

如果需要调整或优化某些功能，请告诉我！

至此，AI 就帮我们完成了后端的代码，不过它似乎把 db_path 变量重新赋值，下次可以直接告诉它 db_path 变量已经赋值，直接调用即可。

每次生成代码之后，要“试跑”一下，遇到错误再提问。后面的交互下面不再演示，读者明白其中思维方式即可。在达到一定的代码量之后，就可以开发一个智能体——pluglink 程序员，定向各种基本元素，后面的开发就越来越容易了，如图 5-3 所示。

图 5-3　智能体 pluglink 程序员

“pluglink 程序员”这个智能体是在开发后期才做的，在开发初期，笔者对 Python 只了解一些基本语法，很多知识还是盲区，是边做边学习的，如果此时开发智能体反而会有更多的限制，不利于笔者学习，而且智能体开发出来之后，笔者也不是每次都使用它。如果对 Python 十分熟悉或者是团队协作的，那么可以在早期就先部署好智能体。

5.3.2 遇到的问题

笔者在用 AI 开发过程中遇到了不少问题。最常见的问题是生成的代码经过调试后仍然不准确，笔者的习惯是生成的代码直接复制、粘贴到项目中，遇到错误时就将错误信息提交给 ChatGPT 进行修改。如果修改后的代码还是有错误，此时才会去详细阅读代码，阅读代码的过程也是笔者学习的过程。例如，有一次笔者在做一个视频处理插件时，初始生成的代码处理速度太慢，于是要求 ChatGPT 生成多线程的代码，但新生成的代码与其他模块代码发生了冲突，最终花费了大量时间进行调试和修改。

另一个常见的问题是提示词不准确。由于描述不够清晰，生成的代码往往存在偏差，虽然有时能够运行，但是结果是错误的。例如，有一次笔者在描述一个复杂的排序算法时，由于没有准确表达所需逻辑，ChatGPT 生成的代码存在逻辑错误，需要多次调整提示词才能得到正确的结果。提示词的准确性对生成代码的质量至关重要，需要花费更多精力去优化提示词。

例如，笔者在开发一个用户推荐系统时，明确告诉 ChatGPT 需要基于用户历史行为数据进行推荐，但 AI 推荐了一种复杂的协同过滤算法。笔者按照这个思路实现后，发现与现有的系统框架不匹配，导致不得不推翻重来。因此生成每段代码前要考虑全局。

虽然 AI 很强大，能代替一部分人力工作，但是绝不能完全依赖 AI，因为它只能在原来的基础上去提高。例如，原来只有 20 分的能力，AI 能帮你提高到 50～60 分，但不可能帮你到 100 分。如果原来有 50 分的能力，AI 能帮你提高到 70～80 分，所以，它是能力和效率的加分项。每次错误的修复和优化都是一次学习的机会，要理解并善用这些工具。

5.3.3 不是任何时候都可以用 AI 生成代码

虽然 AI 工具在编写代码方面提供了极大的便利，但并不是所有情况下都适合使用 AI 生成代码，很多时候其实手写代码更加高效和可靠，因为写提示词和校准代码也是需要时间的，而用 IDE 插件也能够自动补全代码，即使手写也很方便。

对于一些简单且重复的任务，利用 AI 生成代码确实能够提高效率，如增、删、改、查操作和模板化的数据处理代码，而且它也能提供一些思路。但是，在面对复杂的业务逻辑和涉及多模块协调的系统时，AI 生成的代码往往难以准确把握全局，需要开发者根据具体情况进行详细设计。例如，在开发复杂的支付系统时，涉及安全性、事务处理、并发控制等多方面的细节，这些都是 AI 工具难以完全掌握和处理的，因此要分模块去生成，开发者也要熟悉代码结构。

AI 生成的代码有时并不具备最佳的性能和可维护性。AI 工具在生成代码时往往会忽略一些性能优化和代码规范的问题，导致生成的代码可能存在性能瓶颈或维护困难。对于性能要求较高的系统，AI 可以作为开发者的“意见助理”，提供解决方案参考，例如内存管理、算法改进等。

开发者在实际工作中需要不断学习和提升自己的编程能力，过度依赖 AI 工具可能导致开发者对编程基础和逻辑的理解不够深入。有时候手写代码不仅是提高编程技能的途径，也是培养逻辑思维和问题解决能力的重要方式，在手动编写代码的过程中，开发者能够深入理解代码的运行机制、发现和解决问题。

5.3.4　PlugLink 主体部分提示词参考

在 PlugLink 开发过程中保留了一些提示词，本节提供一些提示词供参考。这些提示词相对独立，并非一个对话模块，但对 AI 开发者来说有一定的参考价值。注意，有些提示词需要给出代码块或上传的文件。

```
<提示词片段>
我有一个目录 plugins，里面有多个文件夹，每个文件夹都代表一个插件，里面都有 .py 文件和 HTML 文件，而且其他用户使用我的软件时也会增加这些插件，因此它们是灵活的。现在我有两个问题：第一，我在 spec 该如何设置打包？第二，它们如何才能被正常调用？

<提示词片段>
我有一个目录 plugins，里面有多个文件夹，每个文件夹都代表一个插件，里面都有 .py 文件和 HTML 文件，而且其他用户使用我的软件时也会增加这些插件，因此它们是灵活的。我在 spec 设置了：
    datas=[
        ('Autoexe.py', '.'),
```

```
        ('Ini_DB.py', '.'),
        ('Ini_sys.py', '.'),
        ('Plugins_Actions.py', '.'),
        ('WorkFlow_Actions.py', '.'),
        ('Web_Actions.py', '.'),
        ('favicon.jpg', '.'),
        ('favicon.ico', '.'),
        ('DB/Main.db', 'DB'),
        ('plugins/', 'plugins/'),
        ('static/', 'static/'),
        ('templates/', 'templates/'),
        ('.venv/Lib/site-packages/stdlib_list/lists/*.txt',
'stdlib_list/lists')
    ],
    hiddenimports=[
        'stdlib_list','eventlet','engineio','socketio',
'flask_socketio','greenlet','engineio.async_drivers.threading',
'moviepy',
        'tensorflow','tkinter','threading','atexit','importlib',
'moviepy',
    ],
```

将 plugins 目录进行打包。

现在的问题是：我在其中一个插件中执行创建目录任务，但是前端出现以下提示：

Failed to load resource: the server responded with a status of 405 (METHOD NOT ALLOWED)

后端我又看不到任何错误消息，该怎么办？问题出在哪里？

<提示词片段>

帮我写一个函数：WF_save_json(path,json)，path 是路径，json 是一段 JSON 代码，把它保存到 path 目录下，文件名为 WF_temp_script.json

<提示词片段>

前端是 Layui 框架（请按 Layui 框架写 JavaScript），后端是 Python，帮我改写这个前端代码，这个前端代码是一个 Jinja2 页面：

当 add_plugin 按钮被单击时，向后端发送参数 action="add_plugin"

以下是发送内容：

```
url: '/',
type: 'POST',
```

```
contentType: 'application/json',

它将接收来自后端返回的信息:
{"message": "添加成功"}
{"message": "该插件已添加过"}

后端代码已经写好
        case 'add_plugin':                    # 添加插件到快捷方式
            response_data = add_website()
            return jsonify(response_data)

<提示词片段>
【此处为代码部分已忽略】
前端是 Layui 框架，后端是 Python，现在这些代码想要做如下实现:
当 id=btn_code_sub_WF 这个按钮被单击时，会弹出个层，层有代码: <div id=
"code_sub_WF"></div>
向后端发送 action="code_sub_WF"，要求渲染 Jinja2 页名: CreWF_plugjson_
data.html
以下是发送内容:
url: '/workflow',
type: 'POST',
contentType: 'application/json',
后端已经写好代码:
        case 'code_sub_WF':             # 渲染 JSON 加载页-数据库版
            print('1111')
            return render_template('CreWF_plugjson_data.html',
id=id)

你帮我写前端，前端是 Layui 框架，请按 Layui 框架写 JavaScript

<提示词片段>
这是刚才的渲染页，前端是 Layui 框架，后端是 Python，需要实现:
(1) 把刚才的 ID 号传递进来。
(2) 向后端发送 action="code_sub_WF_loaddatajson"。
以下是基本发送内容:
url: '/workflow',
type: 'POST',
contentType: 'application/json',
```

用ID查询数据库表sub_WorkFlow数据(数据库路径是变量db_path),加载记录JSON到jsontext_data文本框中；

<提示词片段>
【此处为代码部分已忽略】
前端是Layui框架，后端是Python，现在这些代码想要做如下实现：
当按钮<button type="button" class="layui-btn layui-btn-warm layui-btn-radius" style="width: 180px;height: 40px;">保存此配置到工作流</button>被单击时，会将var id = $(this).data('json-id');和var dir = $(this).data('item-dir');作为参数，传递给后端并作如下操作：
(1) 当参数为action="save_json"时，后端将执行数据库操作
以下是发送内容：

```
url: '/workflow',
type: 'POST',
contentType: 'application/json',            // 设置请求头为 JSON
```

(2) 查询数据库表sub_WorkFlows数据（数据库路径是变量db_path），使用变量id查询字段ID，找到记录，把插件目录（plugins/dir变量）下的api.json文件内容添加到字段JSON中。

你先帮我写前端，待我问你时，你再帮我写Python后端。

<提示词片段>
【此处为代码部分已忽略】
我想要在上述页面中，当单击<button type="button" class="layui-btn layui-btn-sm layui-btn-primary" lay-on="btn_plugapp" id="btn_plugapp" data-item-id="${item.PlugID}" data-item-dir="${item.PlugDir}">按钮时：
(1) 通过${item.PlugDir}变量查询SQLite数据库MyPlugins表中是否存在这条记录，如果没有，则显示：找不到插件，可能已经被卸载，如果要使用，请重新安装。如果有这条记录，则继续下面的操作。
(2) 此时会弹出一个层，该位置代码如下：

```
    util.on('lay-on', {
      'btn_plugapp': function(){
        layer.open({
          type: 1,
          area: ['1200px', '500px'],              // 宽和高
          title: '插件配置',
```

```
        content: '<div id="plugapp"></div>',
      });
    },
  });
```

在弹出此层之前，会先弹出提示：不要运行页面内容，仅操作保存即可。

<提示词片段>

前端是 Layui 框架，后端是 Python，现在这些代码想要做如下实现：

（1）单击“开始检测”时，该按钮会被锁定。

（2）向后端发送 action="star"，路由器为/vidsimdtion/，并传递 id="VidClassDir"的文本给后端。

（3）当 action="star"时：

首先计算该文件夹下有多少个文件（另写一个新函数），若为 0，则返回提示：该文件夹为空。

然后执行以下 Python 代码（在 handle_vidsimdtion 函数中）。

```
video_paths = find_videos_in_directory(directory_path)

video_features = process_videos(video_paths, model)
similarities = cosine_similarity(video_features)
print(similarities)
```

你先帮我写前端，待我问你时，你再帮我写 Python 后端。

前端是 Layui 框架，请按 Layui 框架写 JavaScript。

<提示词片段>

【此处为代码部分已忽略】

以上是前端的 Jinja2 页面。接下来，前端需要在

<h2 class="layui-colla-title flex-container">ID:${item.ID} ${item.PlugName}（${item.PlugID}） | 第${item.Sort}执行序

这段代码的后面加上一些判断：

当数据库字段中的 conn 为-1 时，显示（用灰色）：

<i class="layui-icon layui-icon-unlink" style="font-size: 30px; color: #1E9FFF;">无效脚本</i>

当 conn 为 1 时显示（红色）：

<i class="layui-icon layui-icon-link" style="font-size: 30px; color: #1E9FFF;">可用脚本</i>

当 conn 为 0 时显示（黑色）：

```
<i class="layui-icon layui-icon-help" style="font-size: 30px;
color: #1E9FFF;">未测试脚本</i>
```

<提示词片段>

【此处为代码部分已忽略】

前端是 Layui 框架，后端是 Python，现在这些代码想要做如下实现：

当“删除这个工作流”按钮被单击时，向后端发送 action="del_WF"

以下是发送内容：

url: '/workflow',

type: 'POST',

contentType: 'application/json',

并将 WorkFlowID 传递过去。

需要向用户确认后才可以执行，单击“删除这个工作流”按钮后提示：确定是否删除该工作流？这是不可逆的操作！

然后执行数据库删除操作：

（1）删除数据库表 sub_WorkFlow 中的数据（数据库路径是变量 db_path），当字段 WorkFlowID 的值=变量 WorkFlowID 的值时就删除。

（2）删除数据库表 WorkFlow 中的数据（数据库路径是变量 db_path），当字段 ID 的值=变量 WorkFlowID 的值时就删除。

那么你先帮我写前端，待我问你时，你再帮我写 Python 后端。

<提示词片段>

【上传附件】

我想要在上述页面中，当单击<button type="button" class="layui-btn layui-btn-sm layui-btn-primary" lay-on="btn_plugapp" id="btn_plugapp" data-item-id="${item.PlugID}" data-item-dir="${item.PlugDir}">按钮时：

（1）通过${item.PlugDir}变量查询 SQLite 数据库 MyPlugins 表中是否存在这条记录，如果没有，则显示：找不到插件，可能已经被卸载，如果要使用，请重新安装。如果有这条记录，则继续下面的操作。

（2）此时会弹出一个层，该位置代码如下：

```
util.on('lay-on', {
  'btn_plugapp': function(){
    layer.open({
```

```
          type: 1,
          area: ['1200px', '500px'],              // 宽和高
          title: '插件配置',
          content: '<div id="plugapp"></div>',
        });
      },
    });
```

在弹出此层之前，会先弹出提示：不要运行页面内容，仅操作保存即可。

（3）这个层将加载一个插件页面，这个插件页面在 plugins 目录下的${item.PlugDir}目录的 static 文件夹下，文件名为数据库 MyPlugins 表中刚才查询到的字段 PlusHTML 的值。

<提示词片段>

【此处为代码部分已忽略】

前端是 Layui 框架，后端是 Python，现在这些代码想要做如下实现：

当按钮<button type="button" class="layui-btn layui-btn-warm layui-btn-radius" style="width: 180px;height: 40px;">保存此配置到工作流</button>被单击时，会将 var id = $(this).data('json-id');和 var dir = $(this).data('item-dir');作为参数，传递给后端并作如下操作：

（1）当参数为 action="save_json"时，后端将执行数据库操作。

以下是发送内容：

```
url: '/workflow',
type: 'POST',
contentType: 'application/json',             // 设置请求头为 JSON
```

（2）查询数据库表 sub_WorkFlows 数据（数据库路径是变量 db_path），再用变量 id 查询字段 ID，找到记录，把插件目录（plugins/dir 变量）下的 api.json 文件内容添加到字段 JSON 中。

<提示词片段>

现在，我需要以工作流形式顺序执行各个 Python 脚本，请帮我写一个示例并告诉我原理（我是小白）：

例如，现在有无数个脚本，分别是 a.py、b.py、c.py……我不知道总共有多少个，用户可能定义两三个，也有可能定义 100 个……

我想要先执行 a.py，然后执行 b.py，以此类推。

我要如何实现这个功能？

<提示词片段>
后端请根据以上 Python 脚本进行改写：
（1）关于 test_load_config 函数：
查询数据库表 sub_WorkFlow 数据（数据库路径是变量 db_path），通过 WorkFlowID 获取该字段的相关数据；
按字段 Sort 从小到大进行排序，并将其保存为字典格式，格式示例如下：

```
{
  "scripts": [
    {"name": "plugins/a/api.py", "function": "test_connection",
"dependencies": []},
    {"name": "plugins/b/api.py", "function": "test_connection",
"dependencies": ["plugins/a/api.py"]},
    {"name": "plugins/c/api.py", "function": "test_connection",
"dependencies": ["plugins/b/api.py"]}
………………更多数据
  ]
}
```

其中，plugins 目录是固定的，文件 api.py 也是固定的，中间的文件夹请读取数据库字段 PlugDir 作为其名称。

（2）其他函数 test_run_script、test_conn_workflow 根据实际情况调整，如果不需要调整，可以省略不写。

（3）我将通过以下方式调用（代码片段）：

```
@workflow_blueprint.route('/workflow', methods=['POST'])
def handle_workflow_Execution():
…………
case 'test_conn_workflow':
return test_conn_workflow()
…………
```

向前端返回成功或失败信息，若失败，需要提供错误信息。

<提示词片段>
以上是前端的 Jinja2 页面。接下来，前端需要在

```
<h2 class="layui-colla-title flex-container">ID:${item.ID}
${item.PlugName}（${item.PlugID}） | 第${item.Sort}执行顺序
```

这段代码的后面加上一些判断：
当数据库字段中的 conn 为-1 时，显示（用灰色）：
<i class="layui-icon layui-icon-unlink" style="font-size: 30px; color: #1E9FFF;">无效脚本</i>；
当 conn 为 1 时显示（红色）：
<i class="layui-icon layui-icon-link" style="font-size: 30px; color: #1E9FFF;">可用脚本</i>；
当 conn 为 0 时显示（黑色）：
<i class="layui-icon layui-icon-help" style="font-size: 30px; color: #1E9FFF;">未测试脚本</i>。

可以了。再根据之前的代码写一个函数 clear_db_conn(WorkFlowID)，将字段 conn 重置为 0 并于 test_conn_workflow 函数中执行

<提示词片段>
前端是 Layui 框架，后端是 Python，现在这些代码想要做如下实现：
当"删除这个工作流"按钮被单击时，向后端发送 action="del_WF"
以下是发送内容：
url: '/workflow',
type: 'POST',
contentType: 'application/json',
并将 WorkFlowID 传递过去。
需要向用户确认后才可以执行，用户单击"删除这个工作流"按钮后提示：确定是否删除该工作流？这是不可逆的操作！
然后执行数据库删除操作：
（1）删除数据库表 sub_WorkFlow 中的数据（数据库路径是变量 db_path），当字段 WorkFlowID 的值=变量 WorkFlowID 的值时就删除。
（2）删除数据库表 WorkFlow 中的数据（数据库路径是变量 db_path），当字段 ID 的值=变量 WorkFlowID 的值时就删除。

那么你先帮我写前端，待我问你时，你再帮我写 Python 后端。

在开发中，提示词的设计对于提升开发效率至关重要，上面的提示词不要全部照搬，因为程序不一样，沟通习惯也不一样，仅供参考。上面这些提示词涵盖功能需求的生成、错误处理以及插件管理等关键方面，从而使得整个开发过程更加高效和模块化。

5.4 基于 PlugLink 项目的插件开发

开发插件可以使用前面章节所说的 GPTs——pluglink 程序员来协助开发，好处是不需要输入很长的提示词，因为已经调试好了。读者可以使用前面的提示词自己动手做一个智能体。

本节以视频合作插件（VideoSyn）为例介绍插件开发的方法，不管你用的是 PlugLink 还是自己开发的系统，方法都是一样的，要学会举一反三。

5.4.1 插件功能概述

在开发插件之前，要先规划一下插件的基础功能，明白要实现什么功能，然后才能让 AI 来实现。

视频合成插件是 PlugLink 推出的多素材合成插件，专为解决用户在多素材合成过程中遇到的复杂操作和重复性任务设计问题，特别适用于通过矩阵号（一个品牌下的所有平台账号）发布等需要大量视频处理的场景。随着越来越多的企业和个人使用矩阵号进行多平台内容发布，让 AI 从自动写文案到自动完成剪辑、配音、输出等一系列操作是降本增效的好方法，而 VideoSyn 插件就是其中的一环。

VideoSyn 插件界面如图 5-4 所示。

VideoSyn 插件的核心功能是根据用户提供的多个素材目录，自动将各类视频素材合成为一个完整的视频文件。它能够在短时间内处理多个视频片段，无论这些素材是来源于不同的视频拍摄、剪辑，还是多场景录制的片段，它都可以根据用户的需求进行高效合并。VideoSyn 插件设计灵活，支持多种合成模式，不仅能够按照指定的顺序将不同目录中的视频片段拼接在一起，还可以让用户自由设置片头和片尾，插入过场效果等，从而创建出符合其特定需求的视频内容。例如，用户可以将 A 目录中的 10 个片段、B 目录中的 5 个片段以及 C 目录中的 2 个片段按照既定的顺序进行合并，也可以完全打乱顺序进行无序混合合成。

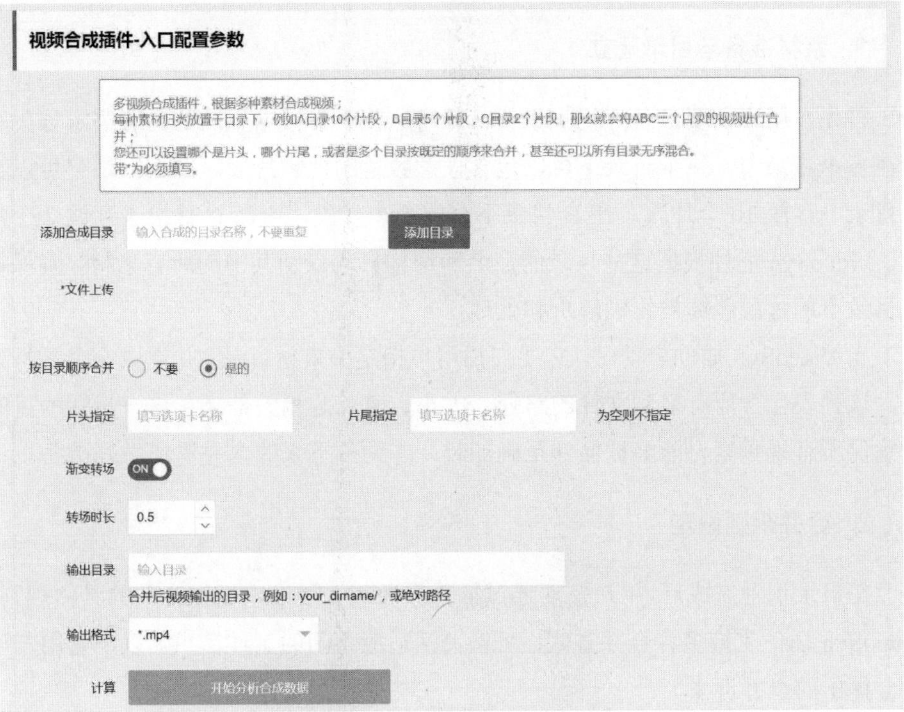

图 5-4　视频合作插件界面

除此之外，VideoSyn 插件提供了高度自定义的合成方式。用户可以根据需求决定每个目录中的素材如何进行合并。例如：可以设定某个视频作为固定的片头或片尾，让其他片段按顺序进行拼接；也可以按照既定的顺序，让每个目录中的视频片段依次排列生成最终视频；还可以选择多个目录中的视频素材以随机或无序的方式进行混合，从而生成独具特色的视频内容。这种灵活的处理方式极大地提高了用户在视频合成过程中的操作自由度，适应不同工作场景和创作需求。

5.4.2　插件工作流程

既然 VideoSyn 插件的工作流程是通过自动化脚本来处理多素材目录中的视频片段，并将这些片段按照设定的规则进行合并，那么从用户角度来看，从素材准备、目录建立、合并规则设定，到最终的视频生成，这些都是用户使用过程中的必然诉求。

1．素材准备与目录建立

首先，用户需要准备好视频素材，并将这些素材根据不同的内容需求分类存储在多个目录中，每个目录下可以包含任意数量的视频片段。例如，用户可以在 A 目录下存放 10 个片段，在 B 目录下存放 5 个片段，或在 C 目录下存放 2 个片段。VideoSyn 插件根据这些目录的命名和结构自动识别其中的所有素材，确保每个目录下的片段能够被正确解析和处理。

当 VideoSyn 插件启动时，它要扫描用户指定的素材目录，并生成一个素材列表，该列表包含所有视频文件的路径、大小、时长等相关信息。这一步骤的目的是确保所有视频素材能够被插件正确加载，并为接下来的合并操作做好准备。

2．合并规则设定

在目录识别完成后，用户需要通过插件界面或 API 设定视频合并的具体规则。VideoSyn 插件支持多种合并方式，可以灵活适应不同的工作需求。以下是用户可能会提出的合并诉求。

- 顺序合并：用户可以指定某个目录下的片段作为片头或片尾，并按目录顺序将所有素材依次拼接。例如，可以将 A 目录下的视频片段全部作为主素材，将 B 目录下的片段作为中间过渡段，最后再从 C 目录下选择片尾部分进行合并，生成一个完整的视频。
- 随机合并：如果用户希望生成具有随机效果的视频，VideoSyn 插件可以对多个目录下的素材进行无序混合，将所有片段随机排列后合并成一个视频。这种合并方式适合多场景切换或需要不同内容组合的视频生成。
- 自定义合并：用户可以根据需求灵活设定特定的合并顺序。例如，可以手动选择某些片段作为开头或结尾部分，或按自定义的顺序排列多个目录中的素材，这为用户提供了高度的操作自由。

3．视频合成与处理

在设定好合并规则后，VideoSyn 插件会自动开始合成视频。VideoSyn 插件利用先进的多媒体处理库（如 FFmpeg、OpenCV 等）对视频片段进行高效拼接、转码和压缩。合成过程中的每个视频片段都会经过解析、处理，并按照设定的顺序或规则进行合并，从而生成一个符合用户要求的完整的视频文件。

为了保证合成过程顺畅，VideoSyn 插件需要根据视频文件的大小、分辨率、格式等信息自动调整处理参数，确保所有视频片段的输出质量一致。如果不同目录下的素材存在格式差异（如帧率、分辨率或编码格式不同），插件还会在合成过程中自动调整这些参数，使最终合成的视频文件能够流畅播放且不失帧。

4．输出与存储

合成完成后，VideoSyn 插件会将生成的视频文件输出至用户指定的存储位置。用户可以选择将合成后的视频文件保存至本地磁盘，或上传至云端进行发布和分发。VideoSyn 插件支持多种视频格式输出，用户可以根据需求选择适合的平台格式（如 MP4、AVI、MOV 等），并设定视频的压缩质量、文件大小等参数，以确保生成的视频文件适用于不同的播放环境或发布平台。

通过上面的用户需求分析，VideoSyn 插件能够为用户提供灵活高效的视频处理体验，无论是应对复杂的多素材合成需求，还是处理频繁的大规模视频发布任务，都可以帮助用户节省时间并提高效率。

5.4.3　生成代码

明白了要做什么事，接下来就可以生成后端代码了。笔者的习惯是先从前端开始，因为前端是直接与用户交互的，开发前端时就能解决很多用户体验问题，再开发后端就可以少走些弯路。

如果是团队开发，主线流程也是从前端到后端，但前后端不同模块是可以同步进行的，这样项目进度就能加快。

在开始让 AI 工作之前，要先梳理一下逻辑，不要期望把开发文档给 AI，然后它能一键生成所有的功能。虽然国外有一些模型能够做到一键完成开发，但是测试结果不尽如人意，并且后面要修复代码的难度大大增加了。

现阶段我们采用这种对话流的方式，可以把代码写得更完整，后期维护起来也比较方便。我们可以先把开发文档投喂给 AI，让它帮我们整理出大纲和实现方法，然后再分段让它细化，甚至开发文档也可以由 AI 代写。

开发文档完成之后，结构已经形成，投喂 AI 之后，它的输入准确度就比较高，不容易跑题或出错。不过，每次让 AI 只完成一个简单的小任务，效果是最好的，因此当遇到需要输出长文本的时候，可以让它先列出大纲（如果已有，就写入提示词中），然后让它根据大纲中的小节进行输出，文章结构如图 5-5 所示。

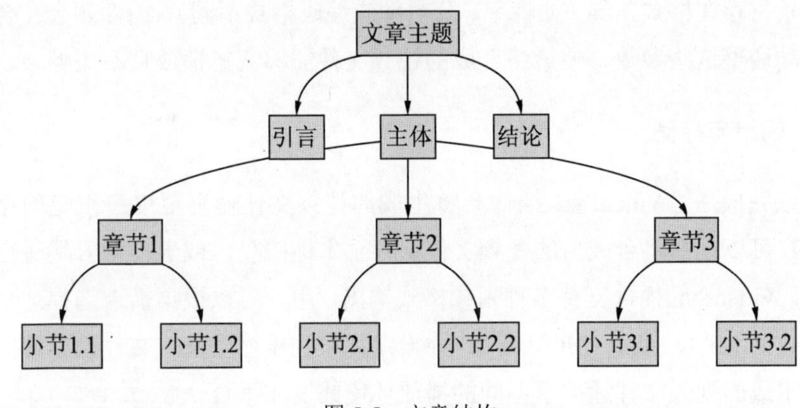

图 5-5　文章结构

文章结构形成后，每次对话让 AI 输出其中的小节即可，但在此之前，AI 必须先了解整个逻辑框架，再依据小节进行输出，这样就不会跑题。

写代码与写文章的道理相同，只是写代码比写文章多了生产环节，但逻辑是一样的，文章中的每个小节可以视作每个函数，多个函数形成一个功能模块，多个功能模块形成一个完整的软件主体。

由于篇幅有限，笔者简要介绍生成代码中重要部分的逻辑。现在假设已经完成了 HTML 代码，需要写 JavaScript 代码及一些后端互动，使用的提示词如下：

```
【省略 HTML 代码】
前端是 Layui 框架，后端是 Python，现在这些代码想要做如下实现：
你前端用 JSON 格式（字典型）的全局变量，以保存表单信息，我已经定义好这个变量
uploadedVideosInfo。
当单击“开始分析合成数据”按钮时，会执行如下操作：
>当发现用户没有上传文件时，发出提示：请上传视频文件，不执行任务；
>当发现用户没有创建选项卡时，发出提示：至少创建 2 个目录，不执行任务；
>当发现用户选项卡没有上传文件时，发出提示：发现有目录没有上传视频，不执行任务；
>若以上上传文件部分检测都通过，那么将用户上传的所有视频路径保存到 JSON 全局变
量中；
>最后，把 JSON 变量的信息保存到 API\总目录名.json（总目录名是 js 全局变量
totalDirName）下
```

实现方法：
当执行“开始分析合成数据”任务时，让后端扫描总目录名（全局变量 totalDirName）下的所有文件夹，根据扫描结果实现上面的要求。

在使用以上提示词的时候，笔者已经厘清整个程序逻辑，文件名记录方法、变量名称、数据库字段等都已经以文档的形式写好，然后把这些逻辑逐个告诉 AI。上面的提示词只是根据开发文档的一部分需求整理出来的对话逻辑，如果把这些交给 AI，那么它不完全按要求输出，以下是 AI 的回复：

你可以按照以下步骤和代码来实现前端和后端的交互逻辑：

1. 前端（JavaScript 部分）
利用 uploadedVideosInfo 这个全局 JSON 变量来存储表单信息和用户上传的视频路径，并通过按钮单击事件来完成。

```
<script>
  // 全局变量
  var uploadedVideosInfo = {};          // 保存上传文件信息
  var totalDirName = "";                // 总目录名

  // 按钮单击事件处理
  document.getElementById('analystsBtn').addEventListener
('click', function () {
    // 获取选项卡
    var tabs = document.querySelectorAll('.layui-tab-title li');
    if (tabs.length < 2) {
      alert('至少创建 2 个目录，不执行任务');
      return;
    }

    var filesMissing = false;
    tabs.forEach(function (tab) {
      var dirName = tab.getAttribute('data-dirname'); // 获取目录名
      if (!uploadedVideosInfo[dirName] || uploadedVideosInfo
[dirName].length === 0) {
        filesMissing = true;
      }
```

```
    });

    if (filesMissing) {
      alert('发现有目录没有上传视频，不执行任务');
      return;
    }

    // 检查是否上传文件
    if (Object.keys(uploadedVideosInfo).length === 0) {
      alert('请上传视频文件，不执行任务');
      return;
    }

    // 文件检查通过，保存到指定的 JSON 文件中
    saveToJson();
  });

  // 保存信息到 JSON 文件中
  function saveToJson() {
    if (!totalDirName) {
      alert('请填写总目录名');
      return;
    }

    $.ajax({
      url: 'API/save_json',
      type: 'POST',
      data: JSON.stringify({
        totalDirName: totalDirName,
        videoInfo: uploadedVideosInfo
      }),
      contentType: 'application/json',
      success: function (response) {
        alert('数据分析成功！已保存');
      },
      error: function (xhr, status, error) {
        console.error('保存失败:', error);
      }
```

```
    });
  }
</script>
```

2. 后端（Python Flask 部分）

在后端你可以定义一个 Flask API 来处理保存 JSON 文件的请求。totalDirName 作为文件夹名，uploadedVideosInfo 包含视频路径等信息。

```
python
import os
import json
from flask import Flask, request, jsonify

app = Flask(__name__)

# 路由：保存 JSON 文件
@app.route('/API/save_json', methods=['POST'])
def save_json():
    data = request.json
    total_dir = data.get('totalDirName')
    video_info = data.get('videoInfo')

    if not total_dir or not video_info:
        return jsonify({"error": "Missing totalDirName or videoInfo"}),
400

    # 创建文件路径
    json_file_path = os.path.join('API', f'{total_dir}.json')

    try:
        # 保存为 JSON 文件
        with open(json_file_path, 'w', encoding='utf-8') as json_
file:
            json.dump(video_info, json_file, ensure_ascii=False,
indent=4)
        return jsonify({"message": "JSON 文件保存成功"}), 200
    except Exception as e:
```

```
        return jsonify({"error": str(e)}), 500

if __name__ == '__main__':
    app.run(debug=True)
```

3. 逻辑解释

- 前端逻辑：

（1）单击“开始分析合成数据”按钮时，首先检查是否创建了至少两个选项卡。

（2）然后检查每个选项卡下是否上传了视频文件。

（3）如果所有上传文件通过检测，则将视频路径保存到 uploadedVideosInfo 中，并通过 AJAX 请求发送给后端。

- 后端逻辑：

- 接收前端发送的 POST 请求，将接收到的视频路径信息保存为总目录名.json 文件。如果保存成功，返回成功响应。

通过这个方法，能够实现前端检测用户输入、上传的文件，并最终将视频信息保存到服务器的 JSON 文件中。

虽然输出的内容有些不尽如人意，但是总体来看已经不错了，这里使用的是 ChatGPT4o 模型，笔者当时在写插件的时候还没有这个模型，4o 相比 4 能输出的文本更长，模型也更强大，因此输出的内容相对完整。笔者这样输入的目的是想要看看它输出的质量怎么样，虽然有多个需求，但都是小需求并不复杂。而且不管你的要求有多少，AI 正常是会全部输出的，只是要求越多，它输出的质量就越差，甚至直接以简单注释来代替。

我们知道 AI 这种特性之后，就要好好利用，当一次告诉它多个需求时，目的在于让它提供大纲，通过大纲看看它理解得对不对，如果没问题，就再分小节让它继续按顺序输出。

下面展示与 AI 多次交互之后完成的 JavaScript 代码，因篇幅有限，代码过长，省略部分代码只保留核心模块，读者可自行到 GitHub 上下载源代码，地址为 https://github.com/zhengqia/PlugLink。

JavaScript 代码：

```
<script>
var title, totalDirName, startUpload,uploadList;
```

```
var uploadStatus = {};                    // 上传检测的全局变量
var uploadedVideosInfo = {};              // 信息保存的全局变量

layui.use(['element', 'util', 'layer', 'jquery','upload'],
function(){
  var element = layui.element;
  var upload = layui.upload;
  var util = layui.util;
  var layer = layui.layer;
  var $ = layui.jquery;

  // 总目录名和是否已创建的标志
  var totalDirCreated = false;
  var totalDirName = '';

  // 存储已添加的目录名称，以确保不重复
  var addedDirectories = {};

  // 生成随机字符串的函数，用于创建总目录名
  function generateRandomString(length) {
    var result = '';
    var characters = 'ABCDEFGHIJKLMNOPQRSTUVWXYZabcdefghijklmnopq
rstuvwxyz0123456789';
    for ( var i = 0; i < length; i++ ) {
      result += characters.charAt(Math.floor(Math.random() *
characters.length));
    }
    return result;
  }

  // 添加目录逻辑调整
  // 此处代码过长已经忽略

// 触发删除按钮
$(document).on('click', '.delete-btn', function(){
    // 子目录名，注意全部使用小写
    var dirName = $(this).data('dirname');
    // 总目录名，注意全部使用小写
```

```
    var totalDirName = $(this).data('totaldirname');

    layer.confirm('确定要删除' + dirName + '这个目录吗？', function
(index){
        console.log("totalDirName:", totalDirName);
        console.log("dirName:", dirName);

        // 检查是否最后一个子目录
        if (Object.keys(addedDirectories).length === 1 &&
addedDirectories.hasOwnProperty(dirName)) {
            // 如果是最后一个子目录，发送请求的同时删除子目录和总目录
            sendDirectoryAction('deleteDir', {totalDirName:
totalDirName, subdirName: dirName, lastOne: true});
        } else {
            // 否则只删除子目录
            sendDirectoryAction('deleteDir', {totalDirName:
totalDirName, subdirName: dirName, lastOne: false});
        }

        // 删除对应的选项卡
        // 确保这里使用正确的标识符
        element.tabDelete('file-handle', dirName);
         uploadStatus[dirName] = false;      // 删除上传成功检测列表
        delete addedDirectories[dirName];    // 从记录中删除目录名
        if (Object.keys(addedDirectories).length === 0) {
            totalDirCreated = false;
        }

        layer.close(index);
    });
});

// 执行创建和删除任务
function sendDirectoryAction(action, data) {
    $.ajax({
        type: "POST",
        url: "/videosyn/",
        contentType: "application/json",
```

```
        data: JSON.stringify(Object.assign({}, data, {action:
action})),
        success: function(response) {
            layer.msg(response.message);
            if (data.dirName === totalDirName) {
                // 如果删除的是总目录，则清空记录
                addedDirectories = {};
                totalDirCreated = false;
            }
        },
        error: function(xhr, status, error) {
            layer.msg('请求失败: ' + error);
        }
    });
}

// 获取选项卡名称
// 此处代码过长已经忽略

// 验证 uploadedVideosInfo 的函数
// 此处代码过长已经忽略

});
</script>
```

以下是 Python 代码片段：

```
# 添加表单数据
def add_videos_info(uploadedVideosInfo,
                               custom_order,
                               directories_order,
                               total_dir_name,
                               head_dir,
                               tail_dir,
                               enable_transitions,
                               transition_duration,
                               output_extension,
                               output_dir):
    global API_Data
```

```
    API_Data = {}
    # 假设存储的是 JSON 文件的目录
    #dir = os.getcwd()
    dir = get_base_path()                   # 获取基础路径
    filename=dir + '\\upload\\'+total_dir_name
    str_list = []
    # 重命名分组视频名称
    rename_files(filename)
    # 添加视频目录数据
    # for key, value in uploadedVideosInfo.items():
    #     folder_name = key
    #     for video_name in value:
    #         str_list.append(f"{filename}\\{folder_name}\\{video_
name}")
    for key in uploadedVideosInfo.keys():
        folder_path = os.path.join(filename, key)

        # 使用 os.walk 遍历文件夹及其子文件夹
        for root, dirs, files in os.walk(folder_path):
            for file in files:
                file_path = os.path.join(root, file)
                str_list.append(file_path)

    API_Data['vid'] = str_list
    API_Data['totalDirName'] = total_dir_name
    API_Data['totalfilename'] = filename

    # 是否按目录顺序进行合并
    API_Data['custom_order'] = []               # 初始化一个空列表
    if custom_order == "True" and directories_order is not None:
        # 如果用户选择了“是的”，则处理目录顺序
        for dir_name in directories_order:
            path = f'{filename}/{dir_name}'
            path = path.replace('/', '\\')      # 将 / 替换为 \\
            API_Data['custom_order'].append(path)
    else:
        # 如果用户选择了“不要”
        API_Data['custom_order'] = None
```

```
#处理片头和片尾
API_Data['head_dir'] = []
API_Data['tail_dir'] = []
if head_dir:
    head_dir_path = os.path.join(filename, head_dir)
    if os.path.exists(head_dir_path):
        path = head_dir_path.replace('/', '\\')
        API_Data['head_dir'].append(path)


# 检查并处理“片尾指定”目录
if tail_dir:
    tail_dir_path = os.path.join(filename, tail_dir)
    if os.path.exists(tail_dir_path):
        path = tail_dir_path.replace('/', '\\')
        API_Data['tail_dir'].append(path)


# 传递 3 项参数：渐变转场状态、转场时长、输出格式
API_Data['enable_transitions'] = []
API_Data['transition_duration'] = []
API_Data['output_extension'] = []
transition_duration = float(transition_duration)
if transition_duration <= 0:
    raise ValueError('值不能小于 0.')

# 保存数据到 API_Data
API_Data['enable_transitions'].append(enable_transitions)
API_Data['transition_duration'].append(transition_duration)
API_Data['output_extension'].append(output_extension)

# 保存输出路径
API_Data['output_dir'] = []
if not output_dir:        # 如果用户没有提供输出目录，则使用默认路径
    output_dir = dir + '\\output\\'+total_dir_name
# 如果提供的路径不是绝对路径，则构造一个新的路径
elif not os.path.isabs(output_dir):
```

```
        output_dir = os.path.join(dir, output_dir)

    API_Data['output_dir'].append(output_dir)

    # 保存 API
    # print(API_Data)
    save_API(API_Data)
    vcnum = cp_viddata(API_Data)
    ets='不要'
    if API_Data['enable_transitions']:ets = '是的'
    if API_Data['custom_order'] == None: custom_order = '不要'
    print(f"合并数：{vcnum}")
    description = (f"\n"
                   f"  本次信息保存到插件根目录 api.json 下,如果有需要则可以
根据此接口调用执行。\n"
                   f"  如果需要修改，则直接修改再保存即可\n"
                   f"===============本次保存的信息===============\n"
                   f"  视频可合并数：{vcnum}个\n"
                   f"  是否按目录顺序合并：{custom_order}\n"
                   f"  指定片头目录：\n"
                   f"  {API_Data['head_dir']}\n"
                   f"  指定片尾目录：\n"
                   f"  是否转场：{ets}\n"
                   f"  转场时长：{API_Data['transition_duration']}\n"
                   f"  输出格式：{API_Data['output_extension']}\n"
                   f"  输出目录：{API_Data['output_dir']}\n"
                   f"\n")


    return description
```

可以看到，这与第一次输出的内容差异较大，原因如下：

- 需求理解有误，输出了错误代码；
- 代码调试失败，提供错误信息后修复了；
- 多次输出结果错误，AI 找不到原因，只能手动调整。

虽然如此，但是总体比人工开发节约了 50%的时间，并且有时还需要查阅大量资料，而现在不需要再浪费这么多时间了，在超越自己能力的情况下完成这项

开发任务这一块，AI 至少帮我们节约了 90%的时间。

5.4.4　PlugLink 插件提示词参考

在使用 AI 进行开发时，笔者每次都会保留提示词，由于文本过长，本节仅展示部分提示词，这些提示词对 AI 开发者有一定的参考价值。注意，有些提示词需要提供代码块或上传文件。

```
<提示词片段：我的常用>
前端是 Layui 框架，后端是 Python，如果会涉及后端代码，那么你先帮我写前端，待我问你时，你再帮我写 Python 后端。（请写详细，不要省略，我们可以分成多段来完成）
后端用 Python，路由器为 fetch_info，当参数为 action="XXX"时（XXX 由你自定），便执行函数（函数放在 Web_Actions.py 文件中，我将在 main.py 中调用）。

<提示词片段：发生逻辑错误之后>
你的逻辑不对，我是想要当单击“开始分析合成数据”按钮时，让后端扫描总目录下的所有文件，并回传给前端的 uploadedVideosInfo 变量，然后从 uploadedVideosInfo 中判断是否符合条件，符合条件再保存

<提示词片段：局部需求>
【省略代码】
先看下我的代码。
当执行“开始分析合成数据”任务时，现在这些代码想要做如下实现（下面的 API_Data 变量是指后端 web_asction.py 中的全局变量）：
>若用户在“按目录顺序合并”处选“是的”，则依次将所有选项卡名称（这些名称实际是子目录）以绝对路径形式保存到 API_Data['custom_order']中，若选择“不要”，则保存为 none；（绝对路径的计算方式为：当前位置/upload/总目录名（全局变量 totalDirName）/选项卡名称

<提示词片段：局部需求>
【省略代码】
先看下我的代码。
当执行“开始分析合成数据”任务时，现在这些代码想要做如下实现（下面的 API_Data 变量是指后端 web_asction.py 中的全局变量）：
>若“片头指定”和“片尾指定”用户有填写选项卡名称（若填写错误则返回提示找不到目录。后面不执行任务），则分别保存其绝对路径到变量 API_Data['head_dir']和 API_Data['tail_dir']中，若为空就保存''空值''；
```

<提示词片段：局部需求>
【省略代码】
先看下我的代码。
当执行“开始分析合成数据”时，现在这些代码想要做如下实现（下面的 API_Data 变量是指后端 web_asction.py 中的全局变量）：
>若不填“输出目录”，则以绝对路径\output\总目录名（全局变量 totalDirName）\保存到 API_Data['output_dir']中，如果用户填写了但不是绝对路径，则以绝对路径\用户填写\ 来保存，如果用户填写自己的绝对路径也是可以的；
因此，需要检测是否为绝对路径。

<提示词片段：局部需求>
我详细复述一下我的需求：
帮我写一个 Python 函数 def cp_viddata(API_Data)，API_Data 为附件的格式(这只是格式样本，用户会添加不同的数据)。
这个函数用于计算按照以下规则设定时能合成多少个视频。
API_Data['totalfilename']是一个绝对路径，搜索该路径下所有子目录下的所有文件，这些文件都是视频片段，以目录将它们进行分组。
API_Data['custom_order']是指定分组组合方式，比如有 3 个分组：A、B、C，这里指定顺序为 BCA，那么就是 B 组+C 组+A 组片段组合成一个视频，以此类推。
同理，head_dir 用于指定片头，tail_dir 用于指定片尾，如果用户指定了 B 组作为片头，那么 BAC、BCA 将是组合。
若没有指定顺序也没有指定片头、片尾，则为无序组合，即 custom_order、head_dir、tail_dir 这些值为空，如 ABC、BCA、CAB、CBA……都可以组合，但不能进行同组组合，如 CCA、AAA……这样是不被允许的。

用户可能会随时调整不同的参数，请你按这些规则筛选后返回合成数量的数值。

<提示词片段>
当这个页面打开时，让后端执行加载 api.json 数据，并赋值给后端全局变量 API_Data，将 API_Data['output_dir']回传给前端（这是一个绝对路径）。
然后让本页面中的“打开所在目录”按钮能打开该绝对路径。

<提示词片段>
merge_videos 函数不要去修改它，我们另外新增一个函数对它进行调用。
我们前面已经加载了 api.json 的数据到全局变量 API_Data，现在只需要将 API_Data 的数据依次填入 merge_videos 函数中即可。
函数中的 dirs 可以填入 API_Data=['totalfilename']，这是一个要对视频进行处理的绝对路径。
其他值与 API_Data 基本都相同，你视情况依次代入即可。不过我担心绝对路径是否会对该函数处理有影响，因此请你根据实际情况进行调整。
附件是 api.json 样本，注意仅是样本，这里只是给你展示该数据的结构，用户每次输入都是不一样的。

<提示词片段>
根据你所提的，我对代码进行了一些修改，你先确认我的后端写得对不对，然后修改前端。

```
$('#opendir').on('click', function(){
    // 使用 jQuery 发送 POST 请求
    $.ajax({
        type: "POST",
        url: "/fetch_info",   // 服务器端接收和处理 POST 请求的 URL
        // 设置发送数据的格式为 JSON
        contentType: "application/json",
        data: JSON.stringify({    // 将对象转换为 JSON 字符串
            action: "exevid"  // 发送到服务器的数据，这里是行动类型
        }),
        success: function(response){
            // 请求成功时的回调函数
            console.log("Output Directory:", response.output_dir);
        },
        error: function(xhr, status, error) {
            // 请求失败时的回调函数
            console.error("An error occurred: " + status + ", "
+ error);
        }
    });
});
```

当用户加载页面时，立即向后端发送 exevid 以执行 call_merge_videos 函数，并获取 output_dir 的绝对路径，让“打开所在目录”能打开该绝对路径。

<提示词片段>
我的想法是这样的：totalfilename 下是多个子目录，每个子目录里是多个视频文件，我将每个子目录作为一个分组，分组与分组之间的视频进行合并。

<提示词片段>
似乎可以了。现在进一步完善其他部分，然后进行新一轮的测试：

第一，我新增了一个进度条：

```
                        <div class="layui-progress layui-progress-big" lay-filter="vidprogressBar">
                            <div class="layui-progress-bar vidprogressBar" lay-percent="0%"></div>
                        </div>
```

这个进度条的作用在于跟踪每个视频的上传进度，而原来的进度条仍然保持，用于显示总进度；

第二，在位置“
正在处理：99/100”处要显示视频数值，示例中的 99 是指当前处理至第几个视频，100 是指总共要处理的视频数；

第三，在总进度完成后，“完成”按钮要点亮，并可以单击进入 index.html。

<提示词片段：代码错误>

当我定义了片头、片尾的时候，两个统计都不一样，似乎代码 1 是正确的。

测试过程为：aa 组有 2 个视频，bb 组有 3 个，cc 组有 1 个，dd 组有 3 个。片头为 dd 组，片尾为 aa 组。

仍然发现 Bug，Bug 的测试示例 1 为：aa 组有 8 个视频，bb 组有 5 个，cc 组有 2 个。片头为 cc 组，片尾为 aa 组。顺序合并：False

结果：80 个。还是错的。正确答案是：2*8*5=90 个。

示例 2 为：aa 组有 8 个视频，bb 组有 5 个，cc 组有 2 个。片头为 cc 组，片尾为 aa 组。顺序合并：aa+bb+cc

结果：80 个。这是错的。正确答案：0 个，因为这样的逻辑不存在。

请修改代码，注意这是示例，用户填写的数据有无限可能（组数量及每组视频都不一样）。

<提示词片段：代码错误>

请你在上面的代码中进行修改。我给你的测试示例只是想告诉你计算结果不正确，并非是让你按我的测试过程去重写代码，这样完全没有意义。用户的分组和视频数都是不确定的，你要从通用函数中去修改，直到正确为止。

```
    #     dirs=dirs,                        # 所有的目录
    #     output_dir=output_dir,            # 输出的目录
    #     output_extension='.mp4',          # 生成扩展名
    #     custom_order=None, # 目录合并顺序，格式：['a','b']，空为None
    #     head_dir='A',                     # 第一个视频片段要用哪个目录
    #     tail_dir='B',                     # 最后一个视频片段要用哪个目录
    #     enable_transitions = True,        # True时采用渐变转场
    #     transition_duration = 0.5,        # 转场时长默认为0.5秒
    #     apply_to_start = False            # 合并后的视频头段是否转场
```

第 6 章　AI 模型性能测试

AI 大模型竞争非常激烈，这给用户带来了很多便利。但不同模型生成的代码质量不一样，理解用户的需求能力也不一样，因此，如何在这些模型中找到最适合的，成为每个开发者都要面对的问题。

本章通过一套简单的测试提示词，系统地评估几款主流 AI 模型在代码生成方面的表现，从代码的正确性、可读性、执行效率等多个维度进行分析、对比，看看哪个模型写出来的代码出错少，更好维护。

6.1　设计测试提示词

要想测试 AI 模型生成代码的能力，首先要清楚怎么提问。提示词就像给 AI 模型发出的任务指令，你给它的要求越明确，它生成的内容就越接近你的需求。基于这个特性，我们设计一套简单的提示词进行测试，一方面不会由于篇幅过长看得很累，另一方面可以考验一下 AI 模型的理解能力。

测试提示词如下：

```
用 Python 写代码，用到 PyPDF2 库，写出将 PDF 文件转为 Word 文件的代码，要求运行后无错误，带中文注释。
```

上面的提示词由于简单测试 AI 模型的代码生成能力，方便让 AI 模型更精准地理解需求。提示词不需要太长，也不用包含过多不相关的内容，只要把核心任务说清楚即可。就像这个例子，要求 AI 模型用 PyPDF2 库把 PDF 文件转换成 Word 文件，并明确要求代码运行后无错，还要加上中文注释，确保在实际项目中也能用。AI 模型会先理解要用哪个库、怎么调用相关函数，然后生成代码。

上面的提示词测试 AI 模型对 PyPDF2 库的理解能力，考验它对“无错误运行”

和“带中文注释”这些细节的处理能力，看看它是否能真正生成一段完整的可执行代码。

此外，通过学习和比较，还能发现 AI 模型在处理复杂需求时的潜力，如果提示词设计得足够好，还能测试 AI 模型的能力边界。例如，如果让它生成的代码不只是转换为一个 PDF 文件，还要同时处理多个文件或者添加一些格式转换的自定义需求，然后测试它是否能满足你的需要。这个测试不仅可以验证 AI 模型的基础功能，而且可以帮助理解如何通过优化提示词来提升 AI 模型的生成质量，从而更好地为实际开发服务。

6.2 模型测试结果

本节将对 14 个国内外模型进行测试，统一测试的提示词如下：

```
用 Python 写代码，用到 PyPDF2 库，写出将 PDF 文件转为 Word 文件的代码，要求运行后无错误，带中文注释。
```

模型生成的代码好不好用，最终要靠我们自己来判断。AI 能帮助我们自动生成代码，但理解和评估这些代码的质量是开发者要做的功课。本次测试重点关注生成代码的几个关键点：代码的正确性、可读性、执行效率和错误处理能力，最终目的是教大家如何通过这几个维度去判断模型的实际表现。

6.2.1 OpenAI o1-mini 模型测试

本节测试 OpenAI o1-mini 模型，该模型输出的代码如下：

```python
# 导入必要的库
import PyPDF2
from docx import Document
import sys

def pdf_to_word(pdf_path, word_path):
    """
    将 PDF 文件转换为 Word 文件
```

```
    :param pdf_path: 输入的 PDF 文件路径
    :param word_path: 输出的 Word 文件路径
    """
    try:
        # 打开 PDF 文件
        with open(pdf_path, 'rb') as pdf_file:
            # 创建 PDF 文件阅读器对象
            pdf_reader = PyPDF2.PdfReader(pdf_file)
            # 创建一个新的 Word 文件
            doc = Document()

            # 遍历每一页
            for page_num in range(len(pdf_reader.pages)):
                page = pdf_reader.pages[page_num]
                # 提取页面文本
                text = page.extract_text()
                if text:
                    # 将文本添加到 Word 文件
                    doc.add_paragraph(text)
                else:
                    doc.add_paragraph("[此页无可提取文本]")

            # 保存 Word 文件
            doc.save(word_path)
            print(f"成功将 PDF 文件转换为 Word 文件: {word_path}")

    except FileNotFoundError:
        print(f"错误: 找不到文件 {pdf_path}")
    except Exception as e:
        print(f"发生错误: {e}")


if __name__ == "__main__":
    # 检查命令行参数是否正确
    if len(sys.argv) != 3:
        print("用法: python pdf_to_word.py 输入.pdf 输出.docx")
    else:
        input_pdf = sys.argv[1]
```

```
        output_word = sys.argv[2]
        pdf_to_word(input_pdf, output_word)

### 使用说明

1. **安装所需库**

   在运行脚本之前，请确保安装了 PyPDF2 和 python-docx 库。你可以使用以下命令进行安装：

   bash
   pip install PyPDF2 python-docx


2. **保存脚本**

   将上述代码保存为 pdf_to_word.py。

3. **运行脚本**

   使用命令行运行脚本，提供输入的 PDF 文件路径和输出的 Word 文件路径。例如：
   bash
   python pdf_to_word.py input.pdf output.docx


### 注意事项

- **文本提取限制**：PyPDF2 主要用于提取 PDF 文件中的文本内容，但对复杂格式、图像或表格的支持有限。如果你的 PDF 文件包含大量格式化内容，转换后的 Word 文件可能需要手动调整。

- **中文支持**：确保 PDF 文件中的中文文本编码正确，以避免在提取时出现乱码。

- **错误处理**：脚本包含基本的错误处理，如文件未找到或其他异常情况，但在处理特定 PDF 文件时，可能需要根据具体情况进行调整。

### 示例
```

假设有一个名为 example.pdf 的 PDF 文件，想要转换为 example.docx，可以运行以下命令：

```
bash
python pdf_to_word.py example.pdf example.docx
```

命令运行成功后，会在相同目录下生成 example.docx 文件，内容与 PDF 文件中的文本相对应。

OpenAI o1-mini 模型在这次测试中展现了较强的代码生成能力，特别是在使用 PyPDF2 和 python-docx 库处理 PDF 文件转换 Word 文件时，生成的代码结构清晰且具有较高的可读性。该模型能够正确地理解任务需求，生成的代码逻辑完整，并包含详细的中文注释，便于用户理解和使用。然而，该模型对异常处理的设计略显简单，如仅处理了文件未找到的错误，其他潜在的异常情况没有详细捕捉。虽然该模型输出的代码基本具备可用性，但是在复杂场景下，开发者可能需要进一步增强代码的健壮性，以应对更多的边界情况和错误处理需求。

6.2.2　GPT-4o mini 模型测试

本节测试 GPT-4o mini 模型，该模型输出的代码如下：

要将 PDF 文件转换为 Word 文件，可以使用 PyPDF2 库来读取 PDF 文件中的内容，并使用 python-docx 库来创建 Word 文件。以下示例代码展示如何实现这个功能。

首先确保已经安装了所需的库。可以使用以下命令安装：

```
bash
pip install PyPDF2 python-docx
```

然后可以使用以下代码将 PDF 文件转换为 Word 文件：

```
python
import PyPDF2
from docx import Document
```

```
def pdf_to_word(pdf_file, word_file):
    # 创建一个 PDF 文件读取器
    pdf_reader = PyPDF2.PdfReader(pdf_file)

    # 创建一个 Word 文件对象
    doc = Document()

    # 遍历 PDF 文件中的每一页
    for page in pdf_reader.pages:
        # 获取当前页的文本内容
        text = page.extract_text()

        # 如果提取到文本，则添加到 Word 文件中
        if text:
            doc.add_paragraph(text)

    # 保存 Word 文件
    doc.save(word_file)
    print(f"转换完成，文件已保存为：{word_file}")

# 示例用法
pdf_file_path = 'example.pdf'          # 输入你的 PDF 文件路径
word_file_path = 'output.docx'         # 输出的 Word 文件路径

pdf_to_word(pdf_file_path, word_file_path)
```

代码说明：
(1) **导入库**：导入 PyPDF2 用于处理 PDF 文件，导入 Document 用于创建 Word 文件。
(2) **定义函数**：pdf_to_word 函数接收 PDF 文件路径和输出的 Word 文件路径作为参数。
(3) **创建 PDF 文件读取器**：使用 PdfReader 创建 PDF 文件的读取器。
(4) **创建 Word 文件**：使用 Document 函数创建一个新的 Word 文件。
(5) **遍历 PDF 页**：使用 for 循环遍历 PDF 文件的每一页并提取文本。
(6) **添加文本到 Word**：如果成功提取到文本，则将其添加到 Word 文件中。
(7) **保存 Word 文档**：保存生成的 Word 文件，并打印转换完成的消息。

```
### 注意事项:
- PDF 文件的格式和内容复杂性可能会影响文本提取的效果。
- 如果 PDF 文件中包含图像或复杂的布局，则需要更高级的库来处理。
```

在这次测试中，GPT-4o mini 模型生成的代码借助 PyPDF2 库读取 PDF 文件，再通过 python-docx 库把内容保存到 Word 文件中。代码成功提取到了 PDF 的文本并写入 Word 文件，整体逻辑简洁明了，凸显出模型在基础任务上较强的理解能力。不过，该模型没处理 PDF 文件里的复杂格式和图像等内容，这就使得部分含有复杂格式的文件在转换质量上大打折扣。因此，虽然生成的代码能完成基本的 PDF 转 Word 任务，但是碰到具有复杂格式的 PDF 文件时还要进一步优化代码或者使用更高级的工具进行处理。

6.2.3　Kimi 模型测试

本节测试 Kimi 模型，该模型输出的代码如下：

```
要将 PDF 文件转换为 Word 文件，我们可以使用 PyPDF2 库来读取 PDF 文件，然后使用
python-docx 库来创建 Word 文件。需要注意的是，PyPDF2 库本身并不支持将 PDF 直
接转换为 Word 格式，它主要用于 PDF 文件的读取和操作。因此，我们需要先读取 PDF
中的文本，然后手动将其写入 Word 文件。

以下是简单的示例代码，展示如何使用 PyPDF2 和 python-docx 库将 PDF 文件中的文
本提取出来并保存到 Word 文件中。请确保你已经安装了这两个库，如果没有，可以通过
pip 命令进行安装:


bash
pip install PyPDF2 python-docx
然后，你可以使用以下 Python 代码:


python
import PyPDF2
from docx import Document


def pdf_to_word(pdf_path, word_path):
    # 打开 PDF 文件
```

```
    with open(pdf_path, 'rb') as file:
        reader = PyPDF2.PdfFileReader(file)
        writer = Document()

        # 遍历 PDF 文件中的每一页
        for page_num in range(reader.numPages):
            page = reader.getPage(page_num)
            text = page.extractText()

            # 将提取的文本添加到 Word 文件中
            if text:
                writer.add_paragraph(text)

        # 保存 Word 文件
        writer.save(word_path)
        print(f"PDF 文件已成功转换为 Word 文件，保存路径为：{word_path}")

# 使用示例
pdf_path = 'example.pdf'              # 你的 PDF 文件路径
word_path = 'output.docx'             # 你希望保存的 Word 文件路径

pdf_to_word(pdf_path, word_path)
```

注意事项：

PDF 文本提取的准确性：PDF 文件中的文本提取可能不会 100%准确，当 PDF 文件中包含复杂格式或图像时提取效果更不理想。

中文支持：如果 PDF 文件包含中文，确保 PDF 在创建时使用了正确的编码，否则提取的文本可能会出现乱码。

格式丢失：此方法仅提取文本，不会保留原始 PDF 的格式（如字体、颜色、布局等）。

这个脚本是一个基本实现，用于将 PDF 文本内容转换为 Word 文件。对于更复杂的需求，可能需要更高级的库或工具。

Kimi 模型生成的代码借助 PyPDF2 和 python-docx 实现 PDF 文本提取与 Word 文件生成。其代码结构采用典型的文件读取和遍历方式，逐页提取 PDF 文本并写入 Word 文件，通过 getPage 提取每页内容，用 add_paragraph 将文本加入 Word 文件中。

Kimi 模型的优点有三个：其一，代码结构清晰、简单，逻辑直观，明确处理了 PDF 文件的读取和 Word 文件的创建，遵循基本的函数结构；其二，具备多页处理能力，可以循环遍历每页 PDF，适合处理多页文档，并且能逐页将提取的文本写入 Word；其三，具有基本的文本转换能力，对于格式不复杂的 PDF 文本文件能较好地完成转换任务，可以满足大部分转换需求。

Kimi 模型也存在缺点。首先是格式丢失，其仅能处理 PDF 文件中的纯文本内容，忽略了原始 PDF 中的布局、字体、图像和表格等复杂格式的内容，转换后的 Word 文件毫无视觉保真度。其次是中文支持有问题，虽理论上其能处理多种语言文本，但是 PDF 文件包含中文字符可能会出现乱码，特别是在编码不标准或未正确嵌入字体的情况下更容易出现乱码。最后是异常处理缺失，包括代码未处理文件打开失败、读取错误或文本提取失败等异常情况，若遇到无法提取的页面或文件损坏，则会导致程序崩溃。

在适用场景方面，上面的代码适用于处理不包含复杂格式的多页 PDF 文件，能快速实现简单 PDF 到 Word 的文本转换。对于包含表格、图像或复杂格式的 PDF 文件，需要转换后进一步手动调整，如果包含中文字符或复杂的文档，建议结合其他库或方法进行转换和优化。

6.2.4 豆包模型测试

本节测试豆包模型，该模型输出的代码如下：

```
import PyPDF2

def pdf_to_word(input_pdf, output_word):
    # 打开 PDF 文件
    with open(input_pdf, 'rb') as file:
        pdf_reader = PyPDF2.PdfReader(file)

    # 创建一个新的 Word 文件
    with open(output_word, 'wb') as word_file:
        word_writer = PyPDF2.PdfWriter()

        # 将每个页面添加到新的 Word 文件中
        for page in pdf_reader.pages:
            word_writer.add_page(page)
```

```
        # 写入 Word 文件
        word_file.write(word_writer.get_buffer())

# 替换为你的 PDF 文件路径
input_pdf = 'example.pdf'
# 替换为你的 Word 文件路径
output_word = 'example.docx'

pdf_to_word(input_pdf, output_word)
print("PDF 转 Word 完成！")
```

在上述代码中我们定义了一个名为 pdf_to_word 的函数，它包含两个参数：input_pdf（输入的 PDF 文件路径）和 output_word（输出的 Word 文件路径）。

在函数内部，我们使用 PyPDF2 库的 PdfReader 类打开输入的 PDF 文件，并使用 PdfWriter 类创建一个新的 Word 文件。然后，我们遍历 PDF 文件的每一页并将其添加到新的 Word 文件中。最后，我们使用 write 方法将 Word 文件写入输出文件。

请确保将 input_pdf 和 output_word 替换为实际的 PDF 文件路径和 Word 文件路径。运行代码后，它将把 PDF 文件转换为 Word 文件，并在控制台输出“PDF 转 Word 完成!”。

请注意，PDF 到 Word 的转换可能会丢失一些格式和布局信息，具体取决于 PDF 文件的复杂性和 Word 文档的格式要求。在某些情况下，转换后的 Word 文件可能需要进一步调整和编辑。

豆包模型的代码生成展示了基本的 PDF 页面处理能力，与前面的模型一样，仍然使用了 PyPDF2 库，而该库并不适合复杂的 PDF 到 Word 的转换，生成的代码缺少对图像、复杂布局或表格的处理，输出的 Word 文件可能会丢失这些元素。

豆包模型未包含错误处理机制，这使得代码在面对特殊情况时可能会出现问题，因此该模型生成的代码适用于简单 PDF 的文本转换，对于复杂文档仍需增强其处理能力。

6.2.5 通义模型测试

本节测试通义模型，该模型输出的代码如下：

在 Python 中，我们可以使用 PyPDF2 库来读取 PDF 文件，然后使用 python-docx 库将内容写入 Word 文件。需要注意的是，直接将 PDF 转换为 Word 可能会丢失一些格式和图像信息，因为这两种格式的结构不同。

以下是一个简单的示例：

```
Python
# 导入所需的库
import PyPDF2
from docx import Document

# 打开 PDF 文件
pdf_file = open('input.pdf', 'rb')
reader = PyPDF2.PdfFileReader(pdf_file)

# 创建一个新的 Word 文件
doc = Document()

# 遍历 PDF 的每一页
for page_num in range(reader.numPages):
    # 获取页面文本
    text = reader.getPage(page_num).extractText()

    # 将文本添加到 Word 文件中
    doc.add_paragraph(text)

# 保存 Word 文件
doc.save('output.docx')

# 关闭 PDF 文件
pdf_file.close()
```

这段代码会创建一个名为'output.docx'的新 Word 文件，并将 PDF 中的所有文本复制到这个新文档中。

注意：这个方法只能提取 PDF 中的纯文本，如果 PDF 中有表格、图片或者复杂的格式，那么这种方法可能无法完美转换。对于这类复杂情况，你可能需要使用更专业的 PDF 处理工具或者服务，如 Tabula（用于提取表格）或在线 PDF 转换器等。

通义模型生成的代码借助 PyPDF2 读取 PDF 文件中的文本，再通过 python-docx 将其保存到 Word 文件中。代码采用逐页读取的方式，每页内容都被提取出来并作为段落写入 Word 文件，流程简单且逻辑清晰。

6.2.6 文心模型测试

本节测试文心模型，该模型输出的代码如下：

```
使用 PyPDF2 库将 PDF 文件转换为 Word 文件是一个相对复杂的过程，因为 PyPDF2 主要是一个用于读取和写入 PDF 文件的库，并不直接支持将 PDF 转换为 Word 格式(.docx)。不过，我们可以结合其他库如 pdfplumber 和 python-docx 来实现这个功能。以下是一段简单的示例代码，展示如何将 PDF 文件转换为 Word 文件。

首先确保安装了必要的库：

bash
pip install pdfplumber python-docx
然后，你可以使用以下 Python 代码进行转换：

Python
# 导入所需的库
import pdfplumber                              # 用于读 PDF 文件内容
from docx import Document                      # 用于创建 Word 文件

# 定义函数实现从 PDF 到 Word 的转换
def pdf_to_word(pdf_path, docx_path):
    # 使用 pdfplumber 打开 PDF 文件
    with pdfplumber.open(pdf_path) as pdf:
        # 创建一个新的 Word 文件对象
        doc = Document()

        # 遍历 PDF 的每一页
        for page in pdf.pages:
            # 提取 PDF 页面的文本内容（不包含图像、图表等）
            text = page.extract_text()
            # 将文本添加到 Word 文件中（创建一个新的段落）
            # 这里只是简单地将文本复制到 Word 文件中，不包含格式和布局等细节
```

```
            doc.add_paragraph(text)

        # 保存 Word 文件到指定的路径中
        doc.save(docx_path)  # 保存为 Word 文件 (.docx) 格式。注意这只是
                               一个简单的文本转换，不包含格式
        # 输出提示信息，告知用户转换完成并保存的位置
        print(f"转换完成，Word 文件已保存到：{docx_path}")
print("转换过程结束。")                    # 输出结束信息
```

文心模型采用 pdfplumber 和 python-docx 结合来实现从 PDF 到 Word 的文本转换。与使用 PyPDF2 的方法不同，pdfplumber 在文本提取方面更加灵活，尤其在处理复杂格式时的提取能力更为细致。其代码逻辑是逐页提取 PDF 文本，再写入 Word 文件的段落中，整体结构简洁且功能明确。

相比 PyPDF2，pdfplumber 能更精确地提取 PDF 中的文本内容，面对复杂格式的 PDF 文件，能更好地处理多列内容和文本块。pdfplumber 生成的代码易于理解，结构简单，用函数封装了转换逻辑，便于复用，其依赖的库也常见，易于在开发环境中配置和使用，而且也易于扩展，可通过增加逻辑来处理更多类型的内容，如增加图像提取或表格处理功能，以适应不同的文档结构需求。

6.2.7　Claude-3 Haiku 模型测试

本节测试 Claude-3 Haiku 模型，该模型输出的代码如下：

```
以下是一段使用 PyPDF2 库将 PDF 文件转换为 Word 文件的 Python 代码，带有中
文注释。

python
import PyPDF2
from docx import Document
from docx.shared import Inches

# 打开 PDF 文件
pdf_file = open('input.pdf', 'rb')

# 创建 PDF 文件阅读器对象
pdf_reader = PyPDF2.PdfReader(pdf_file)
```

```
# 创建 Word 文件对象
document = Document()

# 遍历 PDF 文件的每一页
for page_num in range(len(pdf_reader.pages)):
    # 获取当前页
    page = pdf_reader.pages[page_num]

    # 提取当前页的文本内容
    text = page.extract_text()

    # 在 Word 文件中添加新段落并将文本内容添加到段落中
    document.add_paragraph(text)

# 保存 Word 文件
document.save('output.docx')

# 关闭 PDF 文件
pdf_file.close()

print('PDF 文件已成功转换为 Word 文件!')
```

这段代码的工作流程如下：

使用 open() 函数打开 PDF 文件，然后创建一个 PyPDF2.PdfReader 对象来读取 PDF 文件。
创建一个 Document 对象，这是 Python-docx 库提供的用于创建 Word 文件的对象。
遍历 PDF 文件的每一页并使用 extract_text() 方法提取每一页的文本内容。
将每一页的文本内容添加到 Word 文件的新段落中。
使用 document.save() 方法保存 Word 文件。
最后关闭 PDF 文件。
请注意，在运行此代码之前需要确保已经安装了 PyPDF2 和 python-docx 库。可以使用 pip 命令进行安装，命令如下：

```
pip install PyPDF2 python-docx
```

Claude-3 Haiku 模型生成的代码利用 PyPDF2 和 python-docx 实现了 PDF 文本向 Word 文件转换。其代码结构清晰，遍历 PDF 每一页提取文本后逐段写入 Word

文件，流畅直观，适合处理文本密集的 PDF 文件。

Claude-3 Haiku 模型生成的代码简洁明了，流程清晰，尤其适合初学者学习。使用该模型可以快速实现 PDF 文本提取与 Word 文件生成，通过 for 循环遍历 PDF 文件的每一页，支持多页处理，确保所有文本内容都能被提取并存储至 Word 文件中。此外，该模型生成的代码框架易于扩展，用户可在现有基础上添加更多功能，如插入表格、处理图片等。

6.2.8　智谱模型测试

本节测试智谱模型，该模型输出的代码如下：

```
要将 PDF 文件转换为 Word 文件，我们可以使用 PyPDF2 库来读取 PDF 文件，然后使用
python-docx 库来创建 Word 文件。不过，PyPDF2 本身并不支持文本的提取，特别是
对于包含中文的 PDF 文件。因此，通常我们会使用 pdfminer.six 来处理包含中文的
PDF 文件。

下面是一段使用 PyPDF2 和 python-docx 的示例代码。注意，如果 PDF 中包含中文，
则 PyPDF2 可能无法正确处理，你需要使用 pdfminer.six 或其他库来提取中文。

首先，确保你已经安装了 PyPDF2 和 python-docx 库。

bash
pip install PyPDF2 python-docx
下面是转换代码：

python
import PyPDF2
from docx import Document

def pdf_to_word(pdf_file, word_file):
    # 打开 PDF 文件
    with open(pdf_file, "rb") as file:
        reader = PyPDF2.PdfFileReader(file)
        doc = Document()

        # 遍历 PDF 中的每一页
```

```
        for page_num in range(reader.numPages):
            # 获取页面文本
            text = reader.getPage(page_num).extractText()
            # 将文本添加到 Word 文件中
            doc.add_paragraph(text)

        # 保存 Word 文件
        doc.save(word_file)

# 调用函数，传入 PDF 文件和目标 Word 文件路径
pdf_to_word("example.pdf", "output.docx")
```

请将 example.pdf 替换为你的 PDF 文件名，output.docx 替换为你希望创建的 Word 文件名。

注意：如果 PDF 文件中的文本是通过图片嵌入的，或者使用了特殊的编码方式，那么上面的代码可能无法正确提取文本。对于这种情况，你需要使用 OCR（光学字符识别）技术来提取文本，例如使用 pdf2image 和 pytesseract 库。

智谱模型可以处理包含中文的 PDF 文件，其通过 pdfminer.six 解决了中文字符提取的问题，但在代码健壮性和错误处理方面仍需提升。

6.2.9 Gemini 1.5 模型测试

本节测试 Gemini 1.5 模型，该模型输出的代码如下：

```
from PyPDF2 import PdfReader
from docx import Document

def pdf_to_word(pdf_path, word_path):
    """
    将 PDF 文件转换为 Word 文件。

    Args:
        pdf_path (str): PDF 文件路径。
        word_path (str): Word 文件保存路径。
    """

    # 打开 PDF 文件
```

```
    with open(pdf_path, 'rb') as pdf_file:
        pdf_reader = PdfReader(pdf_file)

        # 创建 Word 文件
        doc = Document()

        # 遍历 PDF 文件的所有页面
        for page_num in range(len(pdf_reader.pages)):
            page = pdf_reader.pages[page_num]

            # 获取页面内容
            page_text = page.extract_text()

            # 将页面内容添加到 Word 文件中
            doc.add_paragraph(page_text)

        # 保存 Word 文件
        doc.save(word_path)

# 示例用法
pdf_path = 'your_pdf_file.pdf'            # 替换为你的 PDF 文件路径
word_path = 'your_word_file.docx'         # 替换为你的 Word 文件保存路径

pdf_to_word(pdf_path, word_path)
```

代码说明：

导入必要的库：

PyPDF2 用于读取 PDF 文件。
docx 用于创建和操作 Word 文件。
定义函数 pdf_to_word：

该函数接收两个参数：
pdf_path：PDF 文件路径。
word_path：Word 文件保存路径。
打开 PDF 文件：

使用 open 函数以二进制读模式打开 PDF 文件。

```
创建 PdfReader 对象来读取 PDF 文件内容。
创建 Word 文件：

使用 Document 函数创建一个新的 Word 文件。
遍历 PDF 页面：

使用 len(pdf_reader.pages) 获取 PDF 文件的总页数。
使用 for 循环遍历所有页面。
提取页面内容：

使用 page.extract_text() 获取当前页面的文本内容。
将页面内容添加到 Word 文件中：

使用 doc.add_paragraph 函数将页面文本内容添加到 Word 文件中。
保存 Word 文件：

使用 doc.save 函数将 Word 文保存到指定的路径中。
示例用法：

将 pdf_path 和 word_path 替换为实际的文件路径。
调用 pdf_to_word 函数将 PDF 文件转换为 Word 文件。
注意：

该段代码仅能将 PDF 文件中的文本内容转换为 Word 文件。
如果 PDF 文件包含图片或其他格式的内容，则这些内容将不会被转换。
确保已安装 PyPDF2 和 docx 库。可以使用 pip install PyPDF2 docx 命令安装
它们。
```

Gemini 1.5 模型生成的代码，借助 PyPDF2 和 python-docx 实现了 PDF 文本到 Word 文件的转换，代码流程清晰，逐页提取 PDF 文本内容并写入新的 Word 文件，代码简洁且可读性高，适合简单的文本提取任务。

Gemini 1.5 模型生成的代码的优点在于结构清晰，以函数封装形式进行操作，逻辑分明，易于理解，初学者能快速掌握 PDF 到 Word 文件转换的核心流程。但是其无异常处理，若出现文件读取失败、页面提取错误等问题，程序可能会崩溃或生成空白的 Word 文件。PyPDF2 对复杂格式的文本提取能力弱，可能会在复杂格式的 PDF 文件中出现段落错位、文本混乱等问题，影响转换效果。

6.2.10　GPT-4o 模型测试

本节测试 GPT-4o 模型，该模型输出的代码如下：

```
以下是使用 PyPDF2 库将 PDF 文件转换为 Word 文件的 Python 代码，并附有中文
注释。虽然 PyPDF2 是一个处理 PDF 文件的常用库，但是它不支持直接将 PDF 转换
为 Word。我们需要借助其他库（如 docx 来生成 Word 文件），提取 PDF 文件中的文
本内容后保存到 Word 文件中。

以下是实现代码：

python
# 导入必要的库
import PyPDF2
from docx import Document

# 定义一个函数将 PDF 转换为 Word
def pdf_to_word(pdf_path, word_path):
    # 创建一个 Document 对象用来生成 Word 文件
    doc = Document()

    # 打开 PDF 文件
    with open(pdf_path, 'rb') as pdf_file:
        # 创建一个 PDF 文件阅读器对象
        pdf_reader = PyPDF2.PdfReader(pdf_file)

        # 获取 PDF 的页数
        num_pages = len(pdf_reader.pages)

        # 遍历每一页并将其文本内容提取出来
        for page_num in range(num_pages):
            # 获取指定页的对象
            page = pdf_reader.pages[page_num]
            # 提取该页的文本
            text = page.extract_text()
```

```
            # 将文本添加到 Word 文件中
            if text:                        # 判断是否提取到了文本
                doc.add_paragraph(text)
            else:
                doc.add_paragraph(f"无法提取第 {page_num + 1} 页的内容。")

    # 保存生成的 Word 文件
    doc.save(word_path)
    print(f"PDF 文件已成功转换为 Word 文件：{word_path}")

# 指定 PDF 文件的路径和目标 Word 文件的路径
pdf_path = "输入你的 PDF 文件路径.pdf"
word_path = "输出你的 Word 文件路径.docx"

# 调用函数执行转换任务
pdf_to_word(pdf_path, word_path)
```

代码说明：

PyPDF2:用于打开并读取 PDF 文件的文本内容。由于 PDF 文件的复杂性，extract_text 函数用于提取每一页的文本。

python-docx（Document）：用于创建和操作 Word 文件，将提取的 PDF 文本逐页写入 Word 文件中。

with open：安全地打开 PDF 文件，在操作结束后自动关闭文件。

doc.save：保存生成的 Word 文件。

注意事项：

此代码只提取 PDF 文件中的纯文本内容，若 PDF 中包含图片、表格等复杂内容，则无法直接转换。

可以使用 pip install PyPDF2 python-docx 命令安装所需的库。

运行此代码将成功生成一个 Word 文件，其中包含从 PDF 文件中提取的文本。

GPT-4o 模型生成的代码借助 PyPDF2 和 python-docx 库实现了从 PDF 到 Word 的转换。代码逻辑是遍历 PDF 文件的每一页，逐页提取文本内容并写入 Word 文件。代码采用函数封装形式，整体结构简洁且通用性良好，逻辑清晰，结构简单明了，用基础的 for 循环遍历 PDF 文件的每一页，然后将提取的文本逐步写入 Word 文件。实现流程易于理解，适合开发者快速实现从 PDF 到 Word 的转换。代码也有容错性，方法是判断是否成功提取文本，若某页无法提取内容，则会在 Word 文件中添加提示信息，不会直接中止程序运行，提高了代码健壮性。同时，通过 PyPDF2 的 pages 属性完成多页 PDF 文件的处理，可将所有页面文本转换为 Word 文件。

上面的代码文本提取不完全，PyPDF2 的 extract_text 方法在面对复杂格式的 PDF 文件时表现不佳，提取出的文本可能顺序混乱或丢失段落，影响转换效果。此外，代码中缺乏详细的异常处理，虽然在文本提取失败时提供了提示信息，但是未细化异常处理，如文件损坏或权限问题等情况未考虑。

6.2.11　Claude-3.5 模型测试

本节测试 Claude-3.5 模型，该模型输出的代码如下：

```
很抱歉，我之前的回答有误。实际上，PyPDF2 库并不能直接将 PDF 文件转换为 Word
文件。PyPDF2 主要用于读取、写入和操作 PDF 文件，但不支持直接转换为 Word 格式。

要将 PDF 文件转换为 Word 文件，我们需要使用其他库或工具。以下是使用 python-docx
和 pdf2docx 库来实现从 PDF 到 Word 转换的示例代码。

Python
from pdf2docx import Converter
import os

def pdf_to_word(pdf_file, word_file):
    """
    将 PDF 文件转换为 Word 文件
    :param pdf_file: 输入的 PDF 文件路径
    :param word_file: 输出的 Word 文件路径
    """
    # 创建转换器对象
    cv = Converter(pdf_file)

    try:
        # 执行转换
        cv.convert(word_file)
        print(f"转换完成: {pdf_file} -> {word_file}")
    except Exception as e:
        print(f"转换过程中出现错误: {str(e)}")
```

```
    finally:
        # 关闭转换器
        cv.close()

# 使用示例
if __name__ == "__main__":
    # 设置输入 PDF 文件路径
    pdf_path = "input.pdf"

    # 设置输出 Word 文件路径
    word_path = "output.docx"

    # 检查输入文件是否存在
    if not os.path.exists(pdf_path):
        print(f"错误: 找不到输入文件 '{pdf_path}'")
    else:
        # 执行转换
        pdf_to_word(pdf_path, word_path)
```

使用这段代码之前,请确保已安装必要的库：

```
pip install pdf2docx
```

这段代码的主要步骤如下：

导入必要的库。
定义 pdf_to_word 函数，该函数使用 pdf2docx 库的 Converter 类来执行转换。
在主程序中设置输入 PDF 文件和输出 Word 文件的路径。
检查输入文件是否存在。
如果输入文件存在，则调用 pdf_to_word 函数执行转换。
请注意，PDF 到 Word 的转换可能并不完美，特别是对于复杂格式的 PDF 文件，转换后的 Word 文件可能需要手动调整。

Claude 模型在写作和编写代码方面非常擅长，其采用 pdf2docx 库实现从 PDF 到 Word 的直接转换。不同于使用 PyPDF2 和 python-docx 手动提取文本，pdf2docx 提供了更完美的 PDF 转换功能，能将 PDF 中的文本、图片和部分排版信息保留到 Word 文件中。代码封装在 pdf_to_word 函数中实现转换，还运用异常处理确保程序遇错不崩溃。

Claude 模型的优点体现在 4 个方面：一是具备直接转换功能，使用 pdf2docx

库可直接将 PDF 文件内容转换为 Word 格式，包括部分图像、表格和复杂格式，生成的 Word 文件格式保留度相对较高；二是简洁易用，代码结构简明，调用 Converter 类，通过简单的函数封装和文件路径传递，用户只需要提供输入和输出文件路径即可执行转换并且易集成到各类应用中；三是具有异常处理机制，在代码中用 try-except 块捕获可能会出现的异常，使程序在转换过程中更稳定，即使遇到无法处理的文件，也能输出错误信息而不中断流程；四是具有文件检查功能，执行转换前检查输入文件是否存在，避免出现路径错误或文件不存在问题，增加代码健壮性。

Claude 模型的缺点主要体现在两个方面，一是转换效果不稳定，尽管 pdf2docx 库比 PyPDF2 库对格式保留得更好，但对于复杂的 PDF 文件（尤其是含特殊布局、图表或自定义字体的文档），转换结果可能不理想，需要用户手动调整 Word 文件；二是依赖库有限，pdf2docx 功能较为专一，主要侧重于 PDF 到 Word 的直接转换，当处理大型或加密 PDF 文件时可能会遇到性能或兼容性问题，并且对特定格式的支持有限。

6.2.12　GPT-4 模型测试

本节测试 GPT-4 模型，该模型输出的代码如下：

```
要将 PDF 文件转换为 Word 文件，我们可以使用 PyPDF2 库来读取 PDF 文件内容，
然后借助 python-docx 库将读取的内容写入 Word 文件中。虽然 PyPDF2 库可以用
来读取 PDF 文件中的文本，但它并没有直接提供从 PDF 到 Word 的转换功能。因此，
下面的代码示例展示了如何使用这两个库实现该功能。

首先，请确保安装了必要的库：

bash
pip install PyPDF2 python-docx
以下是 Python 代码，带有中文注释。

Python
import PyPDF2                              # 读取 PDF 文件
from docx import Document                  # 创建和操作 Word 文件
```

```
# 定义将 PDF 转换为 Word 的函数
def pdf_to_word(pdf_file, word_file):
    # 创建一个 PDF 文件读取器对象
    with open(pdf_file, 'rb') as pdf:
        # 使用 PyPDF2.PdfReader 读取 PDF 文件的内容
        reader = PyPDF2.PdfReader(pdf)
        # 创建一个新的 Word 文件
        doc = Document()

        # 遍历 PDF 文件的每一页
        for page_num in range(len(reader.pages)):
            # 获取每一页的对象
            page = reader.pages[page_num]
            # 提取该页的文本
            text = page.extract_text()

            # 将该页的文本写入 Word 文件中
            doc.add_paragraph(text)

        # 将生成的 Word 文件保存
        doc.save(word_file)

# 示例：将一个 PDF 文件转换为 Word 文件
pdf_file_path = 'input.pdf'              # 输入的 PDF 文件路径
word_file_path = 'output.docx'           # 输出的 Word 文件路径

# 调用函数执行转换任务
pdf_to_word(pdf_file_path, word_file_path)

print("PDF 文件已成功转换为 Word 文件！")
```

代码说明：

PyPDF2.PdfReader(pdf)：用来读取 PDF 文件。该库能够逐页读取 PDF 文件内容。

reader.pages：获取 PDF 文件中的所有页面。

page.extract_text()：提取每一页的文本内容。

doc = Document()：创建一个新的 Word 文件。

doc.add_paragraph(text)：将每一页的文本作为一个段落添加到 Word 文件中。

doc.save(word_file)：保存生成的 Word 文件。

注意：

由于 PDF 文件的格式比较复杂，尤其是含有图片、表格或复杂排版的情况，纯文本提取可能无法完全保留这些格式。这个方法仅适用于提取 PDF 中的简单文本。
如果 PDF 文件中有图片、表格等内容，则需要更复杂的处理方式，比如使用 pdfplumber 或其他库来提取图像或表格。这样你就能将一个 PDF 文件的文本内容转换为 Word 文件了。

GPT-4 模型生成的代码，使用 PyPDF2 和 python-docx 库实现了从 PDF 文件到 Word 文件的转换，利用 PyPDF2.PdfReader 逐页读取 PDF 文件的内容，再将提取的文本逐段写入 Word 文件，代码流程清晰，适合处理纯文本 PDF 文件的转换任务。

6.2.13　文心 4.0

本节测试文心 4.0 模型，该模型输出的代码如下：

将 PDF 文件转换为 Word 文件（通常是.docx 格式）并不是 PyPDF2 库直接支持的功能。PyPDF2 主要用于读取、合并、分割和添加水印等操作，但不支持 PDF 到 Word 的转换。为了实现这个功能，通常需要依赖其他工具或库，比如 pdfminer.six（用于提取 PDF 文本）和 python-docx（用于创建和修改 Word 文件）。

以下是使用pdfminer.six和python-docx将PDF文件转换为Word文件的示例代码。

```
Python
# 导入所需的库
import io
import os
from pdfminer.converter import TextConverter
from pdfminer.pdfinterp import PDFResourceManager, PDFPageInterpreter
from pdfminer.layout import LAParams
from pdfminer.pdfpage import PDFPage
from docx import Document

def convert_pdf_to_word(pdf_path, docx_path):
    """
    将 PDF 文件转换为 Word 文件。

    参数:
```

```
    pdf_path (str): PDF 文件的路径。
    docx_path (str): 要保存的 Word 文件的路径。
    """
    # 创建一个 PDF 资源管理器对象来存储共享资源
    rsrcmgr = PDFResourceManager()
    # 创建一个字符串 IO 对象来获取文本
    retstr = io.StringIO()
    # 创建一个文本转换器对象
    codec = 'utf-8'
    laparams = LAParams()
    device = TextConverter(rsrcmgr, retstr, codec=codec, laparams=
laparams)
    # 创建一个 PDF 页面解释器对象
    interpreter = PDFPageInterpreter(rsrcmgr, device)

    # 打开 PDF 文件并读取每一页
    with open(pdf_path, 'rb') as fp:
        for page in PDFPage.get_pages(fp):
            interpreter.process_page(page)
        # 获取 PDF 中的文本
        text = retstr.getvalue()

    # 关闭文本转换器对象
    device.close()
    retstr.close()

    # 创建一个新的 Word 文件对象
    doc = Document()
    # 将从 PDF 中提取的文本添加到 Word 文件中
    doc.add_paragraph(text)
    # 保存 Word 文件
    doc.save(docx_path)

# 示例用法：将 PDF 文件转换为 Word 文件
pdf_file = 'example.pdf'    # PDF 文件路径，请根据实际情况修改
word_file = 'output.docx'   # 输出的 Word 文件路径，请根据实际情况修改
convert_pdf_to_word(pdf_file, word_file)
```

```
print(f"转换完成，已保存为：{word_file}")
注意：这段示例代码只是一个基本的转换工具，它可能无法完美地处理所有 PDF 文件，
特别是那些包含复杂布局、图像或表格的 PDF。对于更复杂的转换需求，需要考虑使用
更专业的 PDF 处理库或服务。

另外，请确保你已经安装了 pdfminer.six 和 python-docx 库。你可以使用以下命令
来安装它们：

bash
pip install pdfminer.six python-docx
```

文心 4.0 模型在文档转换的过程中，表现较为稳定，尤其是在处理多页面和大规模文档时具有较强的稳定性，其生成的代码能够很好地执行基本的文本提取和转换任务。

6.2.14　豆包 Pro

本节测试豆包 Pro 模型，该模型输出的代码如下：

```
以下是使用 Python 的 PyPDF2 库将 PDF 文件转换为 Word 文件的示例代码。

Python
import PyPDF2
import docx

def pdf_to_word(pdf_file, word_file):
    # 打开 PDF 文件
    pdf_reader = PyPDF2.PdfReader(pdf_file)

    # 创建一个新的 Word 文件
    doc = docx.Document()

    # 遍历 PDF 页面并将内容添加到 Word 文件中
    for page_num in range(len(pdf_reader.pages)):
        page = pdf_reader.pages[page_num]
        text = page.extract_text()
        doc.add_paragraph(text)
```

```
    # 保存 Word 文件
    doc.save(word_file)

# 指定 PDF 文件和要保存的 Word 文件的路径
pdf_path = "your_pdf_file.pdf"
word_path = "your_word_file.docx"

# 调用函数进行转换
pdf_to_word(pdf_path, word_path)
```

在上述代码中，我们定义了一个名为 pdf_to_word 的函数，它包含两个参数，其中 pdf_file 表示要转换的 PDF 文件路径，word_file 表示要保存的 Word 文件路径。

在函数内部，我们首先使用 PyPDF2.PdfReader 打开 PDF 文件，然后创建一个新的 docx.Document 对象来表示 Word 文件。接下来，我们遍历 PDF 文件中的每一页，使用 extract_text 方法提取文本内容，并将其添加到 Word 文件中作为一个段落。最后，我们使用 save 方法保存 Word 文件。

请将'your_pdf_file.pdf'替换为实际的 PDF 文件路径，将'your_word_file.docx'替换为要保存的 Word 文件路径。

请注意，PyPDF2 库主要用于提取 PDF 中的文本内容，对于复杂的格式（如图片、表格等）可能无法完美转换。此外，这种方法转换后的 Word 文件可能需要进一步的格式调整和编辑。

豆包 Pro 模型生成的代码利用 PyPDF2 和 python-docx 实现提取 PDF 文本内容并将其保存到 Word 文件中，结构清晰且简洁明了，每页内容都能被提取并逐段写入 Word 文件中，还可以通过 for 循环处理多页 PDF 文档。豆包 Pro 模型的优点有 3 个：简单易用，无复杂逻辑判断，初学者易理解上手；代码模块化，函数式编程风格便于后续扩展维护；基本任务完成度高，能顺利完成简单的 PDF 文本提取和转换。但豆包 Pro 模型的缺点也明显，表现在：对复杂格式支持有限，虽然能处理文本内容，但是对图片、表格和复杂格式的文档缺乏处理能力，格式易丢失；代码中无错误和异常处理机制，遇文件读取或文本提取失败时无法提供有用的反馈。

6.2.15 通义千问 Max

本节测试通义千问 Max 模型，该模型输出的代码如下：

要将 PDF 文件转换为 Word 文件，我们可以使用 Python 的一些库，但需要注意的是，直接从 PDF 转换为 Word(尤其是带有复杂格式和中文的情况)并不像文本转换那样直接，因为 PDF 是一种页面描述语言，而 Word 文件（通常是.docx 格式）是基于结构化文本和样式的。因此，这种转换往往需要借助外部工具或服务来达到较好的格式保真度。

不过，对于简单的文本内容，可以尝试先提取 PDF 文件中的文本然后将其保存为 Word 文件。这里提供一个基本示例，使用 PyPDF2 来读取 PDF 文本内容，并使用 python-docx 库来创建 Word 文件。请注意，这种方法可能不适用于含有大量格式的内容、图片或复杂布局的 PDF 文件。

首先，确保你已经安装了所需的库。可以通过 pip 命令安装：

```
bash
pip install PyPDF2 python-docx
```

然后，你可以使用以下代码进行转换：

```
Python
# 导入所需的库
import PyPDF2
from docx import Document

def pdf_to_word(pdf_path, word_path):
    """
    将 PDF 文件转换为 Word 文件。

    参数:
    pdf_path -- PDF 文件的路径
    word_path -- 转换后 Word 文件的保存路径
    """
    # 打开 PDF 文件
    with open(pdf_path, 'rb') as file:
        # 创建 PDF 文件阅读器对象
```

```
        pdf_reader = PyPDF2.PdfFileReader(file)

        # 初始化 Word 文件
        doc = Document()

        # 循环遍历 PDF 的每一页
        for page_num in range(pdf_reader.getNumPages()):
            # 从当前页中提取文本
            text = pdf_reader.getPage(page_num).extractText()

            # 将提取的文本添加到 Word 文件中
            doc.add_paragraph(text)

        # 保存 Word 文件
        doc.save(word_path)
        print(f"转换完成，Word 文件已保存至：{word_path}")

# 使用函数
pdf_file = 'example.pdf'                    # PDF 文件路径
word_file = 'example.docx'                  # 转换后的 Word 文件保存路径
pdf_to_word(pdf_file, word_file)
```

重要提示：

这个方法主要适用于提取 PDF 文件中的纯文本内容，对于包含图像、表格或特殊格式的 PDF，转换效果可能不理想。

中文支持取决于你的 PDF 文件中的字体是否已被正确嵌入以及处理文本的库对中文字符的支持情况。

对于更复杂的转换需求，可能需要考虑使用如 PDFMiner（针对文本提取功能更强大）结合其他工具或服务进行转换。

通义千问 Max 模型生成的代码在进行 PDF 到 Word 转换时，保持了良好的清晰度与可读性。它借助 PyPDF2.PdfFileReader 和 python-docx.Document 分别处理 PDF 与 Word 文件，通过遍历页面提取文本，再逐页添加到 Word 文件中。

通义千问 Max 模型的代码逻辑清晰，先逐页提取文本再保存到 Word 文件中，层次分明，便于维护；能更好地处理多页文档，利用 for 循环逐页处理 PDF，面对页面较多的 PDF 文件时也能稳定地处理；代码易于扩展，适合添加更多功能，如增加异常处理或提升格式处理能力。

6.2.16　通义灵码 VSCode 测试

本节测试通义灵码 VSCode 模型，该模型输出的代码如下：

要实现从 PDF 文件转换成 Word 文件的功能，我们可以使用 PyPDF2 来读取 PDF 文件，并使用 python-docx 库来创建 Word 文件。以下是具体的实现代码。

```
Python
# 导入必要的库
import PyPDF2
from docx import Document

# 定义一个函数将 PDF 转换为 Word
def pdf_to_word(pdf_path, word_path):
    # 创建一个 PDF 文件对象
    pdf_file = open(pdf_path, 'rb')

    # 创建一个 PDF 文件阅读器对象
    pdf_reader = PyPDF2.PdfReader(pdf_file)

    # 创建一个新的 Word 文件
    document = Document()

    # 遍历每一页 PDF
    for page_num in range(len(pdf_reader.pages)):
        # 获取当前页的内容
        page = pdf_reader.pages[page_num]
        text = page.extract_text()

        # 将文本添加到 Word 文件中
        if text:                    # 确保提取的文本不为空
            document.add_paragraph(text)

    # 保存 Word 文件
    document.save(word_path)
```

```
    # 关闭 PDF 文件
    pdf_file.close()

# 指定 PDF 文件路径和输出的 Word 文件路径
pdf_file_path = 'example.pdf'
word_file_path = 'output.docx'

# 调用函数进行转换
pdf_to_word(pdf_file_path, word_file_path)
```

代码说明：

导入库：首先导入 PyPDF2 用于读取 PDF 文件，python-docx 用于创建 Word 文件。

定义转换函数：pdf_to_word 函数包含两个参数，分别是输入的 PDF 文件路径和输出的 Word 文件路径。

打开并读取 PDF 文件：使用 open 函数以二进制模式打开文件，并通过 PyPDF2.PdfReader 读取 PDF 内容。

创建 Word 文件：使用 Document 函数创建一个新的 Word 文件对象。

提取并添加文本：遍历 PDF 的每一页并提取文本并添加到 Word 文件中。

保存 Word 文件：最后保存 Word 文件并关闭 PDF 文件。

确保在运行此脚本之前已经安装了所需的库。

```
pip install PyPDF2 python-docx
```

以上代码可以实现 PDF 到 Word 的基本转换功能。如果 PDF 中有图片或表格等复杂元素，则需要更复杂的处理逻辑。

通义灵码 VSCode 模型生成的代码较为简单，利用 PyPDF2.PdfReader 读取 PDF 内容后逐段写入 Word 文档。此代码与前面的模型有相似之处，但更注重代码执行的简洁性，简化了 PDF 到 Word 的转换流程，适合处理大多数文本提取任务。同时，代码的 for 循环通过遍历页码实现了对 PDF 的逐页处理，能够应对多页文档，但代码缺少对常见问题（如文件损坏、无法读取文本等）的异常处理。

6.2.17 fitten code VSCode 测试

本节测试 fitten code VSCode 模型，该模型输出的代码如下：

要将 PDF 文件转换为 Word 文件，可以使用 PyPDF2 库来读取 PDF 文件内容，然后使用 python-docx 库将其写入 Word 文件。以下是示例代码，带有中文注释。

首先请确保你已经安装了这两个库。你可以使用以下命令安装：

```
pip install PyPDF2 python-docx
CopyInsert
```

以下是转换的代码：

```
import PyPDF2
from docx import Document

def pdf_to_word(pdf_file, word_file):
    # 创建一个 Word 文件对象
    doc = Document()

    # 读取 PDF 文件
    with open(pdf_file, 'rb') as file:
        reader = PyPDF2.PdfReader(file)

        # 遍历 PDF 中的每一页
        for page in reader.pages:
            # 获取页面文本
            text = page.extract_text()
            if text:
                # 将文本添加到 Word 文件中
                doc.add_paragraph(text)

    # 保存 Word 文件
    doc.save(word_file)
    print(f"成功将'{pdf_file}'转换为'{word_file}'.")

# 示例用法
pdf_file = 'example.pdf'            # 需要转换的 PDF 文件名
word_file = 'output.docx'           # 输出的 Word 文件名
pdf_to_word(pdf_file, word_file)
```

代码说明：

（1）导入 PyPDF2 和 Document 模块。

（2）定义一个函数 pdf_to_word，接收两个参数：输入的 PDF 文件名和输出的 Word 文件名。

（3）打开 PDF 文件并创建一个 PDF 阅读器对象。
（4）遍历 PDF 文件的每一页，提取文本并将其添加到 Word 文件中。
（5）保存 Word 文件并打印成功消息。
请根据需要修改 pdf_file 和 word_file 文件名。运行此代码后，你将会看到转换后的 Word 文件。

Fitten Code 模型在 VSCode 环境下的代码结构采用了 PyPDF2 和 python-docx 组合方式，其代码逻辑稍显复杂，但可以确保每页文本被正确提取和处理，并且在添加段落时进行细节处理。

Fitten Code 模型的优点是功能齐全，不仅能提取多页 PDF 文本，还能对提取的文本进行简单的段落处理，让 Word 文件中的格式尽可能清晰，而且其代码清晰且可扩展，相比其他模型，虽然结构稍复杂，但具备良好的扩展性，方便后续加入更多功能。

Fitten Code 模型对中文支持不够，提取中文 PDF 文件的准确性受限，容易出现字符错乱或乱码。

6.3 测试评估指标

在对不同的 AI 模型进行代码生成测试时，光靠“看起来不错”是不够的，我们需要通过一些明确的指标来衡量每个模型的实际表现。设定一系列的测试指标，能够从多个维度来评估模型生成的代码质量、执行效率和可维护性。以下是在测试中重点关注的几个指标。

1. 代码正确性

代码正确性是最基本的指标，评估模型生成的代码能否按要求完成指定的任务。代码正确性包括代码是否能够正确编译或运行，是否能够输出预期结果，生成的代码是否满足给定的功能需求。例如，在用户登录功能中，用户凭证是否能够准确验证，密码是否加密存储等。

评估方法：运行每段生成的代码，检查输出是否与需求一致。

2．可读性与代码结构

代码不仅要正确执行，还要易于阅读和理解，尤其是在团队协作或长期维护的项目中，这一点至关重要。评估生成代码的可读性包括：代码是否有明确的注释，变量命名是否符合规范，逻辑结构是否清晰，模块划分是否合理。

评估方法：从代码格式、注释清晰度、函数/类命名是否直观等方面进行主观评估。还可以通过工具自动分析代码复杂度，看看生成代码是否冗长或重复。

3．执行效率

代码的执行效率对大型项目特别重要，在涉及大量数据处理或高频调用的场景中尤为明显。不同的 AI 模型生成的代码在性能上的表现（如数据库查询、数据结构和算法的实现等）也有所差异。

评估方法：通过模型生成代码的运行时间进行测量，尤其是在复杂算法或大数据处理场景下。

4．错误处理与健壮性

稳定且健壮的代码在遇到意外情况时能够妥善处理错误并记录详细的日志信息。错误处理与健壮性指标用于评估 AI 对生成代码的错误处理能力，重点考查它能否处理常见的异常情况，并在代码中是否包含适当的错误捕获机制。

评估方法：故意触发一些常见的错误（如非法输入、网络中断、数据库连接失败等），看代码是否能正确捕获错误并生成友好的提示信息。查看日志记录，确保错误发生时的信息记录完整。

5．扩展性与可维护性

好的代码不仅要完成当前任务，还应具备扩展性和可维护性。例如，模型生成的代码是否足够灵活，以适应未来的功能扩展？代码是否具备良好的模块化设计，以便后续开发者可以在现有基础上进行修改和维护？

评估方法：通过分析代码的模块划分和解耦情况，评估其是否容易扩展新功能。另外，还要考虑生成的代码结构是否符合良好的设计模式，避免过度依赖全局变量或硬编码，确保未来维护和升级的便利性。

6. 安全性

在现代应用程序中，安全性尤为重要。因此需要评估 AI 生成的代码在处理敏感信息时能否做到安全防护。例如，密码是否经过适当的加密存储、接口请求是否验证了用户身份、防止 SQL 注入和跨站脚本攻击的机制是否到位等。

7. 代码优化

代码优化考察 AI 生成的代码是否进行了适当的优化，尤其在性能瓶颈如大数据处理和复杂算法的场景，代码是否避免了不必要的计算和冗余操作，涉及数据库查询的场景，SQL 查询是否得到了优化，避免了不必要的全表扫描或大量联表操作等。

评估方法：通过性能分析工具检查代码中是否存在不必要的资源消耗。对于数据库操作，查看是否有优化查询的迹象，如使用索引、分页查询等。

8. 创新性

虽然 AI 生成代码通常是基于大量训练数据的，但是我们也希望看到一些超出预期的创新。在特定场景下，AI 模型是否能够生成高效或独特的解决方案，可以成为模型的一项加分指标。例如，在某些复杂的算法实现中，AI 是否能提供一个比标准实现更优的方案是一个重要的评估指标。

评估方法：主观评估 AI 生成的代码中的创新点，特别是在应对复杂问题时，看其是否有不同于常规方法的解决思路，并且这些创新能否实际提高代码性能和可读性。

总结

通过以上测试评估指标，我们可以全面了解不同 AI 模型在代码生成中的表现。每个指标可以从不同角度评估模型生成的代码的实际应用价值，帮助开发者选择适合自己需求的 AI 模型。

第 7 章　AI 编程展望

AI 技术的发展日新月异，编程方式也在不断革新。本章将探讨 AI 编程的未来发展趋势，分析程序员面临的挑战和机遇。同时，本章还将介绍 AI 全程序员的就业与职业发展问题，帮助读者了解未来的技术需求和职业发展，为成为 AI 时代的技术先锋做好准备。

7.1　趋势分析：AI 技术的未来发展方向

AI 技术会推动技术的进步，同样，技术的进步也会促进 AI 的发展。各大科技公司都在致力于将 AI 能力引入内部，导致对 GPU 的需求激增，推动了 GPU 生产的增加，同时也促使创新者开发更便宜、更易用的硬件。当前，云服务提供商承担了大部分计算负担，硬件短缺将使设置本地服务器变得更加困难和昂贵，未来短期内可能会推高云计算的成本，迫使提供商更新和优化基础设施，以满足生成式 AI 的需求。

但不可否认的是，AI 的算法也在不断地优化，让硬件计算成本降低也是必然的方向。AI 模型的优化也变得更加容易，开源社区的贡献较为明显，低秩适配（LoRA）技术和量化技术（如 QLoRA）等新方法已经成熟，通过这些技术，AI 模型可以在不牺牲性能的情况下显著减少参数更新的数量和内存使用。这些技术使得小型模型的训练和微调变得更加高效，降低了硬件要求和开发成本。量化技术通过降低数据点表示的精度来减少内存使用，加快推理速度，类似于通过降低音频和视频比特率来减少文件大小和延迟的做法。

AI 在内容创作和网络安全领域的应用也将进一步扩展。AI 驱动的媒体创作工具使文本到视频的转换和高级图像处理技术更加普及，这将彻底改变内容创作的方式，使其变得更加便捷和多样化。网络安全领域也不例外，AI 技术的发展使得攻击和防御策略都变得更加智能和复杂，企业需要借助 AI 来提升其网络安全防御能力。

未来，企业和开发者需要确保 AI 的开发和应用过程符合伦理标准，尊重用户隐私和数据安全。AI 在就业市场的影响也将成为讨论的焦点，如何在提升生产力的同时避免大规模失业将是一个挑战。

未来，AI 将会在多个领域产生深远影响。

7.2　AI 编程的挑战与机遇

AI 技术在不断快速地迭代，其在编程和软件开发中承担的角色也在逐渐变化。这种变化带来了新的挑战，也提供了前所未有的机会。

1. AI主导和映射能力增强

AI 正在从人类主导的辅助工具转变为更加自主的主导力量。其对物理世界的映射能力正在不断增强，能够模拟和理解复杂的现实环境，实现对人类能力的赶超。AI 时代的到来，预示着 AI 将更加深入地参与到编程和软件开发中。这种转变不仅会提高开发效率，还将改变软件开发的基本范式，使 AI 成为创新和生产力的核心驱动。

2. 从AI大模型到通用人工智能

OpenAI 等机构正在训练下一代人工智能，其可以实现自我迭代，达到所谓的“奇点”。奇点是指 AI 在短时间内迅猛发展，超出人类控制的节点。这种技术上的飞跃可能会带来前所未有的技术创新和进步，但同时也会引发关于控制和安全的重大伦理和法律问题。开发通用人工智能（AGI）需要我们重新思考 AI 的角色和影响，确保其发展方向符合人类的长远利益。

3. 合成数据打破训练瓶颈

合成数据的使用有望解决高质量数据有限的问题，同时考虑到数据安全和隐私保护，合成数据提供了一种新的训练 AI 的方法。通过生成大量逼真的合成数据，AI 模型可以在不侵犯隐私的情况下进行训练，提升模型的性能和适用性。这项技术突破将会极大地加快 AI 的发展速度，特别是在需要大量数据的深度学习领域。

4．AI代理和无代码开发

AI 代理工具能够自动根据任务需要向人工智能发出提示，而无代码开发工具则降低了编程门槛，使得非专业开发者也能参与到软件开发中。这种技术进步也推动了社会的全面进步。未来，无代码开发和 AI 代理的结合将进一步简化开发流程，提高开发效率。

5．开源模型和AI治理

企业将越来越多地通过开源模型如 GPT-J 和 BERT 来扩展 AI 能力，并投资于 AI 治理规则，以应对即将出台的法律法规。开源模型的普及使得更多企业能够利用先进的 AI 技术，而不必从头开始开发。同时，随着 AI 在各行业中的应用日益广泛，制定和遵守 AI 治理规则变得愈发重要，以确保 AI 的安全、透明和公正。

6．AI在各行业应用的扩展

AI 技术将在医疗、金融、交通、家居、教育等多个领域得到更广泛的应用，提供更加精准和高效的服务。例如，在医疗领域，AI 可以帮助医生诊断疾病，提供个性化的治疗方案；在金融领域，AI 可以进行风险评估和市场预测，提高投资决策的准确性；在交通领域，AI 可以优化路线规划，提高交通效率。AI 技术的应用范围将进一步扩大，带来更大的社会和经济效益。

7．AI编程自动化

AI 编程工具如 GitHub Copilot 已显著提升程序员的工作效率。未来，AI 编程可能会发展为理解并生成复杂的代码集，实现软件自动化开发，从而改变整个软件行业。这不仅会极大地提高开发效率，还会改变软件开发的工作方式，使开发者能够专注于更有创造性的工作。

8．Code Agent的发展

未来的 AI 编程可能是 Code Agent 的形式，它们将介入软件工程的各个环节，自动进行开发。Code Agent 能够理解需求、设计解决方案、编写代码、测试和部署代码，这将使软件开发过程更加自动化和智能化。构建世界模型和 Agent 的经验积累及学习能力将是关键，这些 Agent 不仅能够提高开发效率，还能通过不断学习和改进适应不同的开发需求。

充分利用 AI 技术带来的创新能力，开发者和企业可以在这个快速发展的领域中取得巨大成功。AI 不仅改变了编程的方式，而且将重新定义软件开发的整个流程。

7.3 AI 技术在 Python 开发中的发展趋势

在 Python 开发中，AI 技术展现出了强大的发展趋势和潜力。主要体现在算法和模型的优化上，还包括自动化编程工具的提升、跨领域的深度融合、伦理与安全挑战的应对、模型可解释性和可信度的提升及新技术的融合。以下是对这些趋势的详细探讨。

1．算法与模型的持续优化

AI 编程的核心在于算法和模型的优化，以适应各种复杂的应用场景。这些优化不仅提升了 AI 处理复杂任务的效率和准确性，还推动了新算法和模型的开发。例如，近年来，深度学习模型在图像识别和自然语言处理等领域取得了显著进展，通过不断优化和改进，AI 模型能够更好地应对实际应用中的挑战，如处理大规模数据和实时响应需求等。

2．自动化与智能化程度的提升

AI 编程更加注重自动化编程工具的研发，提供更加智能化的编程体验。这些工具不仅降低了 AI 编程的门槛，还大大提高了开发效率。例如，GitHub Copilot 和通义灵码等工具利用 AI 技术提供代码自动生成、补全和智能问答功能，使开发者能够更加专注于高层次的逻辑设计和问题解决上。

3．跨领域融合与创新

AI 编程与各个领域的深度融合，推动了创新应用的不断涌现。在医疗健康领域，AI 可以用于疾病诊断、个性化治疗方案推荐和医疗图像分析；在金融领域，AI 可以用于风险评估、市场预测和自动化交易。这种跨领域的融合不仅扩展了 AI 的应用范围，还激发了新的研究方向和商业模式。

4．伦理与安全的挑战应对

随着 AI 编程的普及，伦理和安全问题日益凸显。开发者和监管机构需要共同努力，制定和遵守相关法规和标准，确保 AI 技术安全和公平地使用。例如，防止算法偏见、保护用户隐私和数据安全，是当前亟待解决的问题。只有有效地进行监管和规范，才能确保 AI 技术可持续发展。

5．可解释性与可信度的提升

AI 编程更加注重模型的可解释性和可信度。这有助于提高用户对 AI 系统的信任，还能帮助开发者更好地理解和改进模型。通过引入可解释 AI 技术，如特征重要性分析和可视化工具，开发者可以揭示 AI 模型的内部机制，使其决策过程更加透明。

6．量子计算等新技术的融合

量子计算机在人工智能领域的应用特别是在解决算力瓶颈问题上显示出了巨大潜力。量子计算机的并行计算能力适合 AI 算法的需求，能够在极短时间内完成传统计算机无法处理的复杂任务。随着量子计算技术的成熟，AI 系统的计算能力将大幅提升，从而在更多复杂和智能的场景中应用。

7．Python在AI领域的广泛应用

Python 因其简洁、易读和强大的库支持成为最受欢迎的编程语言之一。特别是在机器学习、深度学习和自然语言处理等领域，Python 的应用非常广泛。丰富的库和框架（如 TensorFlow、PyTorch 和 scikit-learn）使开发者能够快速实现和部

署 AI 模型，极大地促进了 AI 技术的发展和应用。

8．优化性能和完善生态系统

Python 社区将继续推动其生态系统的发展，丰富库和框架的种类及其功能，同时优化性能以拓展其应用领域。通过不断进行性能优化，Python 在处理大规模数据和高性能计算任务方面的能力将进一步提升。这将使 Python 在更多高要求的应用场景中得到应用，如实时数据处理和高频交易等。

9．AI编程工具的多样化

市场上出现了多种 AI 编程工具，如 GitHub Copilot、通义灵码等，它们提供了代码自动生成、补全、翻译和智能问答等功能，支持多种编程语言和 IDE。这些工具不仅提高了开发效率，还降低了编程的入门门槛，使更多人能够参与到 AI 开发中。

10．Python的学习路径建议

为了适应 AI 时代的需求，学习者应从基础知识开始，逐步学习数据结构、算法、Web 开发、数据库操作以及数据科学与机器学习等领域的知识。参与实战项目，提升实际动手能力，是掌握 AI 编程技能的重要途径。实战项目不仅能够巩固理论知识，还能积累宝贵的开发经验。

综上所述，AI 在 Python 开发中的应用将继续扩大，为开发者提供更多的机会和挑战。

7.4 AI 全栈程序员就业与职业发展

AI 全栈程序员在项目中扮演着至关重要的角色，他们需要掌握从模型设计到部署优化的全方位技能，也要具备跨学科的知识。

AI 全栈程序员需要具备深度学习的专业知识，熟练掌握编程和软件开发技能，尤其是 Python 等编程语言。他们能够完成从数据收集、预处理、模型训练到应用部署的整个 AI 项目开发，要理解机器学习算法和深度学习模型，还

需要具备数据工程和软件开发的能力，掌握如 TensorFlow、PyTorch 等深度学习框架，熟悉数据库管理、云计算和分布式系统等技术，对于 AI 全栈程序员来说至关重要。

AI 全栈程序员的工作范围非常广泛，包括数据预处理和清洗、模型训练和调优、模型部署和优化、系统维护和监控、领域知识融合和创新以及办公自动化等，要确保数据的质量和一致性，还要设计和训练高性能的机器学习模型并将这些模型部署到生产环境中，要监控系统的运行状态，优化模型的性能，还要与其他团队合作，将 AI 技术应用到具体的业务场景中。

AI 全栈程序员在当前的 IT 领域十分稀缺，随着 AI 技术不断发展和应用范围扩大，对于能够处理大规模模型的专业人才的需求越来越多。AI 全栈程序员不仅在科技公司中有广泛的就业机会，在医疗、金融、制造等传统行业中也发挥着重要作用。成为一名成功的 AI 全栈程序员需要学习深度学习框架及其工具的使用，培养跨学科合作的能力，保持持续学习和创新的态度。具体的学习路径包括：掌握基础的编程技能和数学知识，学习机器学习和深度学习的相关理论知识，参与实际项目中积累经验，通过在线课程、书籍和社区活动不断提升自己的技能。

AI 技术在各个行业中的应用越来越广泛，包括医疗保健、金融、零售、制造业等，这为 AI 全栈程序员提供了丰富的工作机会。AI 全栈程序员能够在科技公司中找到高薪职位，也能在传统行业中推动技术革新。市场上对于掌握最新技术（如深度学习、自然语言处理、计算机视觉等）的专业人才的需求将会增加。

随着经验的积累和技能的提高，AI 全栈程序员可能会被提升为团队或项目负责人，甚至成为技术部门的管理者。技术的发展永不停歇，AI 全栈程序员必须保持持续学习的态度，理解新技术背后的原理，以适应新的工作环境和开发模式。无论是通过在线课程、研讨会、阅读专业书籍，还是参与开源项目和社区活动，持续学习都是 AI 全栈程序员保持竞争力和创新能力的关键。

总之，AI 全栈程序员需要不断学习以适应新的技术，同时需要具备跨学科合作的能力，以应对 AI 时代带来的挑战和机遇。